国家林业和草原局知识产权研究中心

U0161961

木质门
专利分析报告

Patent Analysis of Wooden Door

范圣明 王忠明 马文君 付贺龙 ◎ 著

中国林业出版社
China Forestry Publishing House

图书在版编目(CIP)数据

木质门专利分析报告/范圣明等著. —北京：中国林业出版社，2020.9
ISBN 978-7-5219-0803-9

Ⅰ.①木… Ⅱ.①范… Ⅲ.①木结构-门-专利-研究报告-世界
Ⅳ.①G306.71 ②TU228

中国版本图书馆 CIP 数据核字(2020)第 179021 号

中国林业出版社·自然保护分社(国家公园分社)
策划编辑：刘家玲
责任编辑：刘家玲　甄美子

出　版：中国林业出版社(100009 北京市西城区德内大街刘海胡同 7 号)
　　　　网　址://www.forestry.gov.cn/lycb.html
　　　　电　话：83143519　83143616
印　刷：北京中科印刷有限公司
版　次：2020 年 11 月第 1 版
印　次：2020 年 11 月第 1 次
开　本：787mm×1092mm　1/16
印　张：10.75
字　数：250 千字
定　价：39.00 元

《木质门专利分析报告》
编辑委员会

主　　任：龙三群　龚玉梅

副主任：王忠明

编　　委：马文君　范圣明　付贺龙　孙小满
　　　　　黎祜琛　刘　婕　陈　民　冯鹏飞

执笔人：范圣明　王忠明　马文君　付贺龙

前言

　　木质门(wooden door)指由实木或其他木质材料为主要材料制作的门框和门扇，并通过五金件组合而成的门。木质门过去指我国以传统的纯木料，手工制造为主制成的木门。随着科技的进步，现发展成以锯材、胶合板、纤维板、刨花板、集成材、细木工板、装饰板等人造板材为主要材料，机械化生产为主制成的门框(套)、门扇的门，均称之为木质门，简称木门。目前，木质门已发展成为我国家居业内的现代新兴产业，木质门也由过去传统的、单一的实用型向装饰和环保型发展，既继承了中国传统风格，又吸取了西方的文化，创出了具有中西方特色的木质门产品。从古至今，木质门在门装饰中一直有着十分重要的地位，特别是室内门，绝大多数为木质门。

　　近年来，随着我国经济发展、人民生活需求增长和城镇化进程步伐加快，我国木质门产业进入快速发展期。木质门产业已形成包括实木门、实木复合门和木质复合门三大品类，从生产到销售、安装、售后服务的完整产业体系。目前，我国木质门企业数量超过 1 万家，其中具有一定规模的企业约 2000 家，产值过亿的企业 80 多家，木质门产业产值排名前 10 位的企业占总产值的 6%。2017 年，我国木质门产值约 1350 亿元，同比增加 3.8%。目前，我国已经成为全球最大的木质门生产中心，同时也是最大的木质门消费市场，是世界上规模最大的木质门生产国和消费国，这应当归功于国内房地产业的快速发展，是它为木质门产业带来了巨大的发展空间。

　　当前，国内木质门行业出现了群雄争霸的局面，不管是曾经做得好的老企业，还是新兴企业都各自竖起了自己的"品牌"大旗，大家只争朝夕，在不断加快发展步伐，到目前为止，国内区域品牌应运而生，而全国性的知名品牌，以及国际品牌建设还是空缺。但总体来说，木质门在经历了近10年的发展后，产业日趋成熟。木质门产业已经有条件在区域品牌的基础上树立全国性的知名品牌和国际品牌，参与国内外市场的竞争，做大出口，做大影响。

　　随着人民生活水平的不断提高，收入增加和居住环境不断改善，城市化率快速上升，这些就是木质门需求永不枯竭的动力源泉，也是该产业发展空间的最大基本面。木质门产业发展方向既符合国家大政方针，又低碳环保，对解决就业、发展地方经济、构建和谐社会都起到极大的作用。可以说，木质门产业发展空间很大，其前景十分美好。由于国外木质门生产设备、工艺与技术尚占优势，产品精细度、机械化程度要比中国高，我们应承认这个差距，但按当前我国的发展速度，其差距将会越来越小。新能源、新材料和低碳经济是我国木质门产业发展趋势，今后会使用更多的木门制品，也要求我们对木门进行更为全面、深入和系统的研究。

　　本研究通过德温特创新平台(Derwent Innovation)全面收集了迄今为止全球木门专利文献7544件，并对这些文献进行了数据整理和分类标引，从木门的各类专利技术进行了深入而全面的分析。专利分析包括发展趋势分析、申请受理国分析、国家技术实力分析、申请人分析、发明人分析、法律状态分析、文本聚类分析、引证分析、同族分析等。本书的主要目的是通过分析全球木门技术的基本情况、主要竞争对手和发展趋势，为国内木门行业了解国际竞争态势，掌握主要竞争对手的技术发展现状和方向，为我国木门行业的核心技术研发工作，以及国内企业建立知识产权规避和保护体系提供重要参考。

　　木质门相关技术自20世纪70年代中期出现以来，已有近50年的发展历程，国外研究木质门相关技术起步较早，国内相对晚一些，近年来全球木质门相关技术专利量迅速增加。全球木质门相关技术专利受理局共有46个国家(地区、组织)。中国的专利受理量之和占全球总量的近45%，是木质门相关技术专利的主要布局区域。木质门相关技术专利优先权国家(地区、组织)47个，中国优先权专利总量遥遥领先，共3377件，占全球专利总量的45%。全球木质门相关技术专利的申请人共2935个，从专利申请人全球申请总量来看，排名前38的41位申请人中，企业30家，个人申请人11位。美国有19个，中国有10个(含中国台湾1个)，德国有4个，瑞典有2个，加拿大2个，法国、日本、新西兰和韩国各有 1 个。德国和瑞典等申请人的专利公开时间较早，且企业申请人之间存在专利技术合作，中国的专利申请人其专利公开量主要集中在 2008—2017 年。中国的木质门相关技术专利量近年增长迅速。全球木质门相关技术专利文献量共 7544 件，含木质门专利 6169 件，木质门框专利 1375件，其中木质门（未涉窗）（5282 件）、木质门（涉窗）（887 件）、木质门框（856件）和木质门框（涉窗）（519 件）。本报告根据对客观数据的分析结果，对我国政府和企业如何开展木质门自主创新提出了建议。在分析研究和报告的撰写过程中，许多专家参与了讨论并提供了建设性的意见。中国林业科学研究院木材工业研究所叶克林研究员、林产工业协会吴盛富研究员等专家都为报告提出了十分有价值的意见与建议。在此，对他们表示感谢！

　　本报告在出版前对本文所有列表中的专利文献法律状态进行了更新，确保了法律状态信息的时效性。

　　本报告数据系统、内容翔实，具有较强的科学性、可读性和实用性，可供林业行政管理部门和企事业单位的干部、科研和教学人员参考。

编委会
2020 年 7 月

目 录

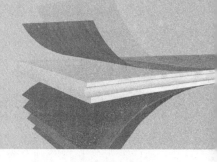

第一章　研究背景

木质门(wooden door)指由实木或其他木质材料为主要材料制作的门框和门扇,并通过五金件组合而成的门。木质门过去指我国以传统的纯木料,手工制造为主制成的木门。随着科技的进步,现发展成以锯材、胶合板、纤维板、刨花板、集成材、细木工板、装饰板等人造板材为主要材料机械化生产为主制成的门框(套)、门扇的门,均称之为木质门,简称木门。目前,木质门已发展成为我国家居业内的现代新兴产业,木质门也由过去传统的、单一的实用型形象向装饰和环保型发展,既继承了中国传统风格,又吸取了西方的文化,创出了具有中西方特色的木质门产品。

近年来,随着我国经济发展、人民生活需求增长和城镇化进程步伐加快,我国木质门产业进入快速发展期。木质门产业已形成包括实木门、实木复合门和木质复合门三大品类,从生产到销售、安装、售后服务的完整产业体系。目前,我国木质门企业数量超过1万家,其中具有一定规模的企业约2000家,产值过亿的企业80多家,木质门产业产值排名前10位的企业占总产值比例为6%。目前,我国已经成为全球最大的木质门生产中心,同时也是最大的木质门消费市场,是世界上规模最大的木质门生产国和消费国,这应当归功于国内房地产业的快速发展,是它为木质门产业带来了巨大的发展空间。

当前,国内木质门行业出现了群雄争霸的局面,不管是曾经做得好的老企业,还是新兴企业都各自竖起了自己的"品牌"大旗,大家只争朝夕,在不断加快发展步伐,到目前为止,国内区域品牌应运而生,而全国性的知名品牌,以及国际品牌建设还是空缺。但总体来说,木质门在经历了近10年的发展后,产业日趋成熟。木质门产业已经有条件在区域品牌的基础上树立全国性的知名品牌和国际品牌,参与国内外市场的竞争,做大出口,做大影响。

1.1　我国木质门产值和产业分布

2007—2016年,我国木质门产业发展迅速,年产值稳步增长。2016年,我国木质门产值约1350亿元,同比增加3.8%。木质门企业数量超过1万家,其中具有一定规模的企业约2000家,产值过亿的企业80多家,但是木质门龙头企业的产值仍不足20亿。木质门产业产值排名前10位的企业,占总产值比例为6%。珠三角、长三角、环渤海地区和东北、西南地区木质门产值分别占我国木门总产值的31%、22%、17%、8%和7%。同时也出现了一些产业比较集中的城市，如浙江江山市(木质门企业130多家)、重庆(木质门企业400家左右)和黑龙江齐齐哈尔市(木质门企业超过150家)。

1.2　木质门产品和市场

按照材料构成，木质门可以分为实木门、实木复合门以及木质复合门。实木门即门扇、门框全部由相同树种或性质相近的实木或集成材制作而成。实木复合门即以装饰单板为表面材料，以实木拼板为门扇骨架，芯材为其他人造板复合制成。除实木门、实木复合门外，其他以木质人造板为主要材料制成的木门统称为木质复合门。我国木门产品中，主要以实木复合门和木质复合门为主，实木门较少。2016年，我国实木复合门和木质复合门分别占50%和42%，而实木门仅占8%。

据统计，我国木质门产品仍然以中、低端产品为主，占比分别为40%和50%，高端产品仅占约10%。木质门产品出厂合格率约85%，主要不合格项目包括浸渍剥离、漆膜附着力等。目前，我国木质门产品相关标准齐全，对产业发展起到积极作用。截至2016年底，我国已经颁布或报批的木门相关标准(国家标准和行业标准)约24项。其中，国家标准7项，占比29.2%；行业标准共17项，占比为70.8%，其中林业行业标准6项，建筑工业行业标准4项，建材行业标准1项，物资管理行业标准3项，商业行业标准2项，以及环境保护行业标准1项。同时，配套的还有相关的建筑门洞口标准、检测标准等。

目前，我国木质门制造以国产机械设备为主，其市场份额约占70%，进口机械设备约占30%。近年来，我国木门产业机械化、自动化水平提高较快，如连续生产线、机械手、柔性装饰薄木贴面及静电喷涂等技术日臻成熟。我国大多数木质门企业已经进入机械化阶段，个别企业率先尝试采用智能存储仓库。此外，远程诊断、数字设计、ERP等信息技术开始得到应用。

我国木质门市场以国内市场为主，国际市场所占比重较小。2016年1~12月，我国木质门进出口贸易额为6.64亿美元，约占国内市场的3.3%。国内市场方面，木门销售以定制化为主，消费者满意度约90%。由于市场中、低端产品较多，我国木门产业纯利润不高，仅约8%。国际市场方面，我国木门出口额远远大于进口额，贸易顺差明显。2016年1~12月，我国进口木门及门框约605t，进口额达496.5万美元，同比分别下降40.34%和17.04%；2016年1~12月，我国出口木门及门框322060t，出口额近65928.7万美元，同比分别下降6.97%和8.86%。美国和日本是我国木门的主要出口国，加拿大、英国、法国及爱尔兰等国家的市场近年来迅速发展。2016年，我国木门出口前2位国家仍是美国和日本，均超过1亿美元；英国、罗马尼亚、加拿大、新加坡、阿联酋、澳大利亚、尼日利亚及法国等国家以及中国香港和中国澳门地区的出口额均超过1000万美元。大连、宁波、青岛和深圳口岸分列出口额前4位，四口岸出口额约占全国出口额的64%。

1.3　木质门产品主要质量问题

随着近几年我国木质门产业的快速增长，木质门产品质量的整体水平有所提高，中高端产品占比也不断增加。但是由于我国木质门生产企业众多，企业规模、生产技术水平相差很大，产品质量参差不齐；部分企业急于扩大投资占领市场，但企业管理人员和生产技术人员培训没有跟上，产品质量得不到保证。此外，我国现行的木质门相关标准在木质门分类、检测项目和检验水平上存在一定差异，企业执行标准不统一；缺少专业检验测试场所，对产品质量检验项目较少，检验仅局限于外观与尺寸、甲醛释放限量，以及木质门原材料的理化性能测试。同时，由于有关质量部门的监管少，使其成为监管盲区，最终形成部分企业对质量的不重视，社会对产品质量不了解，一定程度影响整个产业的发展。

据统计，我国木质门产品仍然以中、低端产品为主，占比分别为 40% 和 50%，高端产品仅占约 10%。我国木质门产品质量总体不稳定，质量合格率不高，约 85%，主要表现在甲醛释放限量不达标、油漆质量差、鼓泡和开胶、异形木线条离缝、表层饰面单板开裂、门芯材料以次充好、加工质量差、产品变形、产品结构或外形与消费者要求不相符等。实木门常见的质量不合格项目包括木门开裂变形、异形木线条离缝、色漆中重金属限量超标等。实木复合门常见的质量不合格项目表现为鼓泡和开胶、表层饰面单板开裂、甲醛释放限量超标等。木质复合门常见的质量问题是鼓泡和开胶、门芯材料以次充好等。

1.4　木质门产业存在的问题

（1）市场集中度低，缺少领军企业

我国地域广阔、区域经济发展不平衡，木门市场的个性化需求极大，给产品的差异化、经营多样化提供了较多的机会。但是，市场集中度低，整个产业内尚无一家超过 3% 市场份额的木门企业，缺少领军企业。

（2）产品质量不稳定，标准归口混乱

我国木质门产品质量不稳定，质量合格率不高，约 85%，主要表现在油漆质量差、异形木线条离缝、表层饰面单板开裂、门套安装后发霉、门芯材料以次充好、加工质量差、产品变形、产品结构或外形与消费者要求不相符等问题。另外，我国木门售后体系不完善，如安装精度不高、缺乏维修人员等。此外，我国木门相关标准归口单位多，存在标准交叉重复、个别标准之间技术内容矛盾等问题，容易引起混淆。

（3）研发投入少，人才缺乏

我国木质门生产企业研发投入较低，不超过 1%。除少数规模企业的工艺、技术、产品质量、创新能力较强外，多数木门生产企业产品同质化现象严重，在新功能、新造型、新材料等方面的研发投入较少，市场竞争力弱。

目前，我国木质门企业人才严重缺失，从业人员的文化程度在中专以上学历约占 10%，而且大多数企业没有建立员工培训机制，不能适应自动化生产设备对员工素质的要求。此外，我国木门家族式企业多，多数尚未建立现代化企业管理制度，管理水平整体不高。

（4）机械化装备程度低

虽然我国木质门产业机械化、自动化水平提高较快，但是由于木质门企业平均规模小，大多数企业没有充足的资金购置自动化机械，我国木门企业整体的自动程度低，设备陈旧，专业木质门加工机械少，相当一部分企业仍以人工操作为主，或是简单机械化与人工操作相结合的生产方式。

(5)对清洁和安全生产的重视度不高

目前，大多数中小木质门企业不重视生产过程的环保，如油漆废漆、废气、砂光粉尘等的减排，整个生产过程的环保措施薄弱。随着我国一系列环境保护政策的出台，对木门企业的清洁生产、安全生产的要求将越来越高。

1.5　木质门产业发展前景

(1)木质门产业仍将快速发展

城镇化步伐的加快为我国木质门提供了短期稳步增长的市场空间。可以预见，随着我国经济发展方式的转变，我国木质门企业将在新一轮发展中面临市场变化、成本升高、人员流失的严峻挑战，这也为优势企业提供了兼并重组、转型升级、做优做强的历史良机。因此，改变单纯重视加工制造环节的思维定势，加快结构调整、装备升级和营销网络建设，坚持以技术创新为支撑，注重环保、生产精品、演绎时尚，努力提高品牌创建能力，是当今木质门企业做优做强的不竭动力。木质门产业的快速发展得益于改革开放和人民生活水平的提高，同时与房地产的快速发展密不可分。尽管房地产行业的高速发展也带来了一定的泡沫，而且目前国家对房地产行业出台了许多限制性政策，但从中国城镇化进度和需求考虑，我国木质门产业将快速发展。

(2)木质门产业的品牌差距将越来越大

在市场竞争日趋激烈的情况下，木质门企业要想立于不败之地，只有走自主创新之路。创新不是单一的技术概念，是企业家应对市场变化、把握和引领市场而不断进行生产要素重新组合的综合行为。木质门企业要紧紧围绕市场进行产品创新、技术创新、市场创新、资源创新和机制创新，提高产品环保性能，加大技改投入和装备升级换代，努力降低生产成本，不断提高产品质量，加快新产品开发。未来几年，木质门产业的品牌差距将越来越大，市场格局将由杂乱无序的价格战转向较为明晰的品牌竞争。当市场发展到一定水平时，统领行业的必然是自动化程度高、规模化定制、标准化生产的大型企业。少数全国性的强势品牌将成为市场的领导者，跨行业发展的相关品牌会成为市场新的挑战者，一批区域性的优势品牌依然会是市场的追随者，而更多的新锐品牌将作为市场的新生代不断涌现。

(3)发展绿色产业链将成为木质门产业的主流经营模式

我国是最大的木材进口国，也是最大的木材加工制品出口国。随着美国《雷斯法案修正案》植物条款以及欧盟《森林执法、施政和贸易行动计划(FLEGT)》的实施，国际市场一系列的有关木制品的贸易壁垒纷纷出台，对我国木制品出口造成了极大的压力。

世界各国绿色产品的标准不同，但都强调产品要有利于人体健康和环境保护。绿色环保是永恒的发展主题，也是木质门产业必须坚持的产品理念，发展绿色产业链将成为木质门产业的主流经营模式。随着时间的推移，相关的企业认证实际上会成为木质门企业进入市场的准入证，以引导我国企业树立生态家居设计理念，降低能源、资源消耗，减少环境污染和碳排放，用生态学理念指导木质门产品生产系统的全过程，满足不断变化的市场需求。

未来几年将是家厨行业的整合之年，企业重组、资源优化将给木质门产业发展带来新的契机。木质门产品将向智能化、人性化、个性化发展，显现出消费年轻化、耗材环保化、产品差异化、使用人性化、做工细化和产品专利化的特点，市场需求仍然以定制木质门为主。同时，企业将面临原材料价格不断增加、劳动力成本快速上涨、人民币汇率变化和房地产调控需求下降的挑战。

随着全社会生活水平的不断提高，以及人们对崇尚自然、注重健康、提倡环保的消费观念的认同，我国木质门产业持续升温。木质门不仅具有节能减排实现可持续发展的功能，而且其极易雕饰和染色的特性能提高家庭装饰品位，使得木质门在市场受到广大消费者的青睐。与此同时，也对我国木质门的产品质量提出了更高的要求。建议木质门生产企业将产品质量放在第一位，重视科技创新能力，改进木质门生产工艺和装备水平，努力向产品生产规范化、标准化、集约化方向发展，进一步促进我国木质门产业健康快速地发展。

基于木质门有广泛的用途和行业发展前景，从提升木质门生产技术和突破贸易壁垒角度，也要求我们对木质门进行全面、深入和系统的研究。

第二章　研究对象与方法

本书的研究对象主要是木质门相关技术的专利文献，但对其中与木质门生产机械设备、模具的专利文献均不作分析。

2.1　数据来源

本研究采用德温特创新平台（Derwent Innovation）中德温特世界专利索引数据库（Derwent World Patents Index，DWPI)作为数据源，采集木质门相关技术专利。DWPI 是全球高附加值产品深加工专利数据库。此数据库的索引包含 1963 年至今，来自全球 50 个专利授权机构及 2 个防御性公开的非专利文献。截至 2017 年包含超过 3250 万条基本发明专利（专利同族），覆盖了超过 6900 万条专利记录。而且每年还会增加 300 万条记录。DWPI 收录的中国专利文献包括发明和实用新型两种类型。

德温特世界专利索引数据库中的每一条信息都经过了细致的加工处理，每条专利信息都有描述性的标题和摘要提炼专利的新颖性、用途和优势等要点以及标准化的专利权人及权利受让人名称，有利于识别专利的所属权及其子公司情况。DWPI 专利内容信息包括专利登记号、同族专利基本情况、专利发明人信息、专利权人信息、专利引用情况（包括引用和被引）、专利法律状态、专利申请和公开的日期、专利文献全文信息等。

2.2　数据检索

通过阅读木质门相关技术专利文献和理论文献，并结合木质门研究领域专家建议，最终确定了与木质门相关技术相关的英文关键词和国际专利分类号（IPC)，采用关键词与分类号相结合的方式，通过多次预检，最终确定如下两个检索式，并对检索结果进行合并。

（1）Title-DWPI or Abstract-DWPI ＝((wood * or timber * or lumber or laminate or hardwood or plank or bamboo or boxwood or camwood or plywood or lignum or ligneous or softwood or groundwood or lightwood or satinwood or springwood or summerwood or fiberboard or fibreboard or particleboard or flakeboard or veneer or (Oriented ADJ Strand ADJ Board) or OSB or (Particle ADJ board)) and (gate * or door *))) AND IC ＝(E06B)

（2）ALLD-DWPI ＝((wood * or timber * or lumber or laminate or hardwood or plank or bamboo or boxwood or camwood or plywood or lignum or ligneous or softwood or groundwood or lightwood or satinwood or springwood or summerwood or fiberboard or fibreboard or particleboard or flakeboard or veneer or（Oriented ADJ Strand ADJ Board）or OSB or（Particle ADJ board）） near5（gate * or door *））AND IC =（E06B）

检索全球范围内截至 2017 年 9 月 10 日的木质门相关技术专利数据，检索日期为 2017 年 9 月 10 日，检索结果专利文献量 15853 件。

2.3 数据处理

（1）数据清洗和整理

首先通过人工排查，将与主题不相关的专利剔除，然后对专利申请人、法律状态等字段进行整理，主要包括：对重点企业和机构的不同别名、译名、母公司和子公司名称进行规范和统一；对重要的专利的法律状态信息进行深度查询和加工。经过数据清洗和整理，数据字段更完善，数据质量更高。

通过对木质门专利文献量的数据清理，保留木质门相关文献量 7544 件。

（2）数据标引

数据标引就是给经过数据清理和整理的每一项专利申请赋予属性标签，以便于统计学上的分析研究。当给每一项专利申请进行数据标引后，就可以方便统计相应类别的专利申请量或者其他需要统计的分析项目。因此，数据标引在专利分析工作中具有重要的地位。

2.4 分析方法与工具

对专利信息进行分析的方法有许多种，本研究中采用的分析方法主要有定量分析、定性分析、拟定量分析和图表分析四类。

（1）定量分析方法

定量分析方法是指以数学、统计学、运筹学、计量学和计算机科学为基础，通过数学模型和图表等方式，从不同角度研究专利文献中所记载的技术、法律和经济等信息。定量分析方法是指对大量专利信息进行加工整理，对专利分类、申请人、发明人、申请人所在国家和专利引文等某些特征进行科学计量，将信息转化为系统而完整的有价情报。

（2）定性分析方法

定性分析方法是指通过对专利文献的内在特征，即对专利技术内容进行归纳、演绎、分析、综合，以及抽象与概括等，以达到把握某一技术发展状况的目的。具体地说就是根据专利文献提供的技术主题、专利国别、专利发明人、专利受让人、专利分类号、专利申请日、专利授权日和专利引证文献等进行信息搜集，并进行阅读和摘记等。在此基础上，进一步对这些信息进行分类、比较和分析，形成有机的信息集合。

（3）拟定量分析方法

拟定量分析方法即定量与定性相结合的方法。专利拟定量分析通常从数理统计入手，然后进行全面、系统的技术分类和比较研究，再进行有针对性的量化分析，最后进行高度科学抽象的定量描述，使整个分析过程由宏观到微观，逐步深入进行。

（4）图表分析方法

图表分析方法是信息加工、整理的一种处理方法和信息分析结果的表达形式。它既是信息整序的一种手段，又是信息整序的一种结果，具有直观生动、简洁明了，通俗易懂和便于比较等特点。

专利分析工具主要采用科睿唯安公司（原汤森路透公司）的专利分析系统 Derwent Innovation（DI）、Derwent Data Analyzer（DDA）、智慧芽 Patsnap 专利分析系统和其他开源免费的网络分析软件。

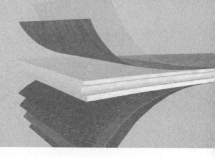

第三章 总体趋势分析

3.1 总体分析

3.1.1 专利总量情况

截至 2017 年 9 月 10 日，全球木质门相关技术专利文献量共 7544 件，按德温特同族合并后共有专利族 5213 项，每项专利族平均拥有 1.47 个同族成员(图 3-1)。

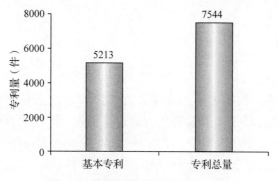

图 3-1 全球木质门相关技术专利量

3.1.2 技术广度分析

国际专利分类(IPC)统计分析表明，除木质门本身所在的分类号 E06B 外，全球木质门相关技术专利涉及的 10 个主要技术领域依次是层状产品即由扁平的或非扁平的薄层(B32B)，建筑材料的结构构件(E04C)，木材加工、特种木制品的制造(B27M)，塑料的成型或连接以及塑性状态物质的一般成型(B29C)，一般建筑物构造(E04B)，含有木材或其他木质纤维的或类似有机材料的碎粒或纤维构成的物品干燥制造方法(B27N)，门、窗或翼扇的铰链或其他悬挂装置(E05D)。此外，还涉及产生装饰效果的工艺(B44C)、建筑物的装修工程(E04F)、门锁(E05B)等(图 3-2)。

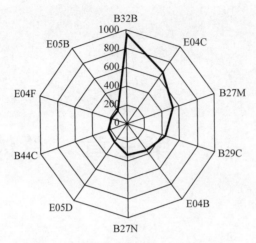

图 3-2　全球木质门相关技术 IPC 分类统计

3.2　发展趋势分析

本项分析是基于专利申请时间进行的。一般来说，专利从申请到公开有 18 个月的时间滞后，因此 2016 年和 2017 年申请的专利文献数据不全，在进行专利申请趋势分析时仅供参考。

3.2.1　公开量分析

通过研究全球木质门相关技术专利公开量随时间变化的情况，可以掌握全球木质门相关技术的总体发展趋势。数据表明，首件木质门技术专利公开起始于 1967 年；1967—1994 年，木质门相关技术专利公开量都比较低，每年数量不超过 100 件；1995—2007 年，木质门相关技术专利公开量缓慢增长，平均每年 150 件左右；2008—2016 年，木质门相关技术专利申请量迅速增长，2016 年专利申请量达到 708 件(图 3-3)。

图 3-3　全球木质门相关技术专利公开量年度分布

数据表明，2002 年以前的曲线波动较小，且无明显上升趋势，木质门相关技术专利的申请人比较少，专利申请量也保持较低的数量，这一时期是该技术的萌芽期；2002—2016 年，曲线波动大，整体呈现急剧上升趋势，专利申请量和申请人数量都开始迅速增加，并且 2010 年后专利申请量和申请人数都保持较高数量，专利申请量在 150 件以上，申请人数也在 100 人以上，木质门相关技术开始进入发展期阶段。

3.2.2 技术生命周期分析

专利技术生命周期是指在技术发展的不同阶段，专利件数和专利申请人数的一般性周期规律。通过分析专利技术所处的不同发展阶段，可以推测未来技术的发展方向。

技术生命周期一般包括技术萌芽期、技术发展期、技术成熟期和技术瓶颈期四个发展阶段。技术萌芽期属于第一阶段，此时厂商对技术投入的热情低，专利申请量和专利申请人数都较少；技术发展期属于第二阶段，产业技术有了突破性的进展，或者是生产厂商根据市场价值情况增加技术投资力度，该阶段专利申请量和专利申请人数都迅速增加；技术成熟期属于第三阶段，大多数厂商都不再投入技术研发力量，这一阶段专利申请量和专利申请人数增加的速度都开始放缓；技术瓶颈期属于第四阶段，这一阶段产业技术研发或是遇到技术瓶颈难以突破，或是产业发展过于成熟而趋于停滞状态，专利申请量和专利申请人数逐渐减少。

通过研究木质门相关技术专利数据库中专利件数与专利申请人数随时间变化的情况，可以得到木质门相关技术生命周期图(图 3-4)。

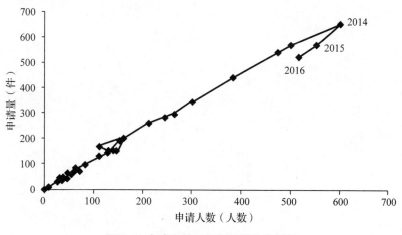

图 3-4 全球木质门相关技术生命周期

总体来看，全球木质门相关技术发展始于 20 世纪 70 年代末，经过近 50 年的发展，2007 年后进入快速发展期，目前处于技术发展阶段。

3.3 本章小结

截至 2017 年 9 月 10 日，全球木质门相关技术专利文献量共 7544 件，按德温特同族合并后共有专利族 5123 项。

　　除木质门本身所在的分类号 E06B 外，全球木质门相关技术专利涉及的 5 个主要技术领域依次是层状产品即由扁平的或非扁平的薄层，建筑材料的结构构件，木材加工、特种木制品的制造，塑料的成型或连接以及塑性状态物质的一般成型，一般建筑物构造。

　　全球木质门相关技术发展始于 20 世纪 70 年代末，1967—1994 年木质门相关技术专利申请量都比较低，1995—2007 年木质门相关技术专利申请量增长缓慢，2007 年木质门相关技术专利申请量迅速增长。经过 50 多年的发展，目前处于发展阶段。

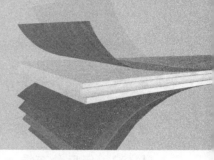

第四章　地域分析

4.1　受理国家(地区、组织)分析

通过国家(地区、组织)专利申请受理量的分析,可以反映出全球木制门相关技术专利的分布情况以及市场情况。

4.1.1　总体情况

根据检索到的数据,全球木质门相关技术专利受理局共有 47 个国家(地区、组织),其中,受理国家 43 个,此外还包括欧洲专利局、世界知识产权组织、中国香港和中国台湾。从受理总量来看,中国大陆地区(以下简称为中国)遥遥领先,共 3377 件,占全球木质门相关技术总量的 45%,排名第 2 至第 10 位的受理局依次是德国(669 件,9%)、美国(491 件,7%)、欧洲专利局(479 件,6%)、日本(406 件,5%)、韩国(259 件,4%)、英国(239 件,3%)、法国(229 件,3%)、世界知识产权组织(181 件,2%)、加拿大(145件,2%)(图 4-1)。

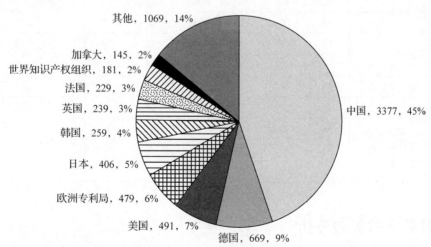

图 4-1　全球木质门相关技术专利主要受理国家(地区、组织)分布

中国的专利受理量占全球总量的45%，是木质门相关技术专利的主要布局区域。排名前10位的受理局的专利受理量之和占全球总量的76%，这表明全球木质门相关技术专利布局十分集中，主要集中在中国、德国、美国、欧洲专利局、日本、韩国、英国和法国。这些国家是全球木质门的主要市场，也是专利申请人选择的主要专利布局区域，而其他国家和地区则相对不受重视。

4.1.2　年度分布情况

从国家(地区、组织)专利量的公开年度分布整体可以看出，各个国家(地区、组织)专利木质门相关技术专利受理时间主要集中在2008—2017年，而且专利受理量呈增长趋势。

中国自20世纪90年代就有木质门相关技术专利的受理，但直到2002年以前专利量都较少，2003年以来，专利量迅猛增加，近5年(2013—2017)的专利量达到2310件，遥遥领先于其他国家。德国、美国、英国、法国和加拿大的木质门相关技术专利受理时间较早，其中德国和美国的专利受理时间主要集中在1998—2017年，德国和日本专利受理量的峰值在1998—2002年，美国和日本专利受理量的峰值在2008—2012年(表4-1)。

2013年后，中国是当前木质门相关技术专利申请人最主要的专利布局区域，其次是美国、欧洲和韩国，但是专利量远远不及中国。

表4-1　全球木质门相关技术专利主要申请受理国家(地区、组织)公开年度分布

国家(地区、组织)	2013—2017	2008—2012	2003—2007	1998—2002	1993—1997	1988—1992	1983—1987	1978—1982	1973—1977	1967—1972
中国	2310	912	118	20	15	2				
德国	30	98	123	135	77	48	57	41	59	1
美国	108	115	102	59	29	32	15	19	10	2
欧洲专利局	78	84	112	77	55	40	26	7		
日本	37	61	86	111	81	29		1		
韩国	60	92	73	27	5	2				
英国	21	15	23	34	40	21	39	30	14	2
法国	22	36	14	10	21	22	23	46	33	2
世界知识产权组织	29	43	56	26	15	7	4	1		
加拿大	25	25	23	25	15	14	7	9	1	1
澳大利亚	11	9	20	35	28	6	4			
西班牙	11	33	18	14	11	3	1			
中国台湾	16	18	26	25						

4.2　国家技术实力分析

各个国家(地区、组织)优先权专利量的分析可以在一定程度上反映出各个国家的技术实力。

4.2.1 总体情况

　　根据本研究检索到的数据，全球木质门相关技术专利受理国家(地区、组织)有 47 个，优先权国家(地区、组织)仅 46 个，其中包括欧洲专利局和世界知识产权组织。

　　从优先权总量来看，中国遥遥领先，共 3332 件，占全球专利总量的 44.2%，其次是德国(967 件)、美国(796 件)、世界知识产权组织(433 件)、日本(375 件)、英国(360 件)、法国(266 件)、韩国(251 件)、意大利(159 件)，瑞典(153 件)(图 4-2)。总体来看，中国在全球木质门相关技术领域中占有优势地位，此外，德国、美国、日本和英国也有一定的技术实力。

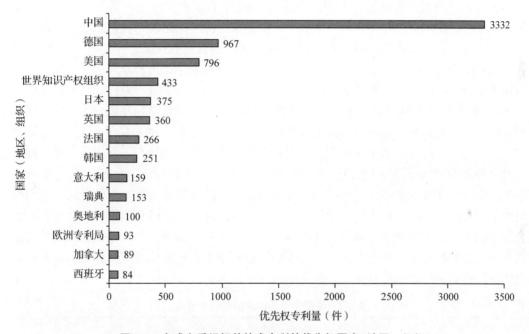

图 4-2　全球木质门相关技术专利的优先权国家(地区、组织)

4.2.2 主要优先权国家分析

　　排除欧洲专利局、世界知识产权组织，对优先权专利量排名前 10 位的国家(中国、德国、美国、日本、英国、法国、韩国、意大利、瑞典和奥地利)的海外专利申请量、被引证次数两个指标进行进一步分析，能够更好反映各国的真实技术实力(表 4-2)。

表 4-2　全球木质门相关技术专利主要优先权国家情况

排名	国家	优先权专利量(件)	海外专利量(件)	海外专利布局(%)	被引次数(次)	平均被引次数(次)
1	中国	3332	18	0.54	830	0.25
2	德国	967	230	23.78	4477	4.63
3	美国	796	276	34.67	7462	9.37
4	日本	375	8	2.13	468	1.25
5	英国	360	31	8.61	4052	11.26

（续）

排名	国家	优先权专利量(件)	海外专利量(件)	海外专利布局(%)	被引次数(次)	平均被引次数(次)
6	法国	266	39	14.66	684	2.57
7	韩国	251	14	5.58	362	1.44
8	意大利	159	64	40.25	831	5.23
9	瑞典	153	27	17.65	1330	8.69
10	奥地利	100	49	49.00	346	3.46

　　数据分析表明，中国在优先权专利总量上遥遥领先，但在海外专利仅 18 件，布局率仅为 0.54%，平均被引次数为 0.25 次，说明中国的专利权人在海外布局意识不强，专利保护意识不高，在木质门相关领域技术水平还需提高。德国优先权专利量总量与中国差距较大，其海外专利量 230 件，布局率为 23.78%，德国的被引频次高达 4477 次，平均被引次数为 4.63，是中国被引频次的 5.4 倍，说明德国专利权人不仅海外布局意识较强，在木质门相关领域中的技术水平也较高。美国优先权专利总量排名第 3，海外专利布局 34.67%，被引次数为 7462 次，平均被引次数 9.37 次，说明美国更加注重海外专利布局和专利保护，在木质门相关领域中的技术水平较高。日本优先权专利总量排名第 4，海外专利布局为 2.13%，被引次数为 468 次，平均被引次数为 1.25，说明日本在木质门相关技术方面的海外布局和专利保护意识一般。英国优先权专利量排名第 5，海外专利布局为 8.61%，被引次数为 4052 次，平均被引次数为 11.26，说明英国在海外专利布局和专利保护虽然不如德国和美国，但专利质量较高，平均被引次数高于德国和美国。总体来看，德国和美国的木门技术综合实力最强，其次是英国、瑞典和意大利(表 4-3)。造成这种现象可能有两个方面的原因，一方面是中国的木质门相关技术专利质量不高，因此不具有进行昂贵的海外专利申请的价值；另一方面是中国的海外专利布局意识薄弱。

表 4-3　中国申请人的国际专利申请

公开号	申请号	标题	申请日	公开日	当前申请人
WO2017035958A1	PCT/CN2015/095096	Combined frame device for wood door or window frame or fan frame	2015-11-20	2017-03-09	浙江瑞明节能科技股份有限公司
WO2017035957A1	PCT/CN2015/095095	Assembly frame structure of wooden casement window and corner assembly method	2015-11-20	2017-03-09	浙江瑞明节能科技股份有限公司
WO2016074116A1	PCT/CN2014/090663	Method for manufacturing interior material of fireproof door using fire retardant coating paint and process for manufacturing fireproof door using the interior material	2014-11-10	2016-05-19	雄火化工股份有限公司
WO2016004606A1	PCT/CN2014/081993	Ecological thermally-insulating fireproof door	2014-07-10	2016-01-14	吴琴芬；南通启秀门窗有限公司
US20150308185A1	US14/306868	Composite wooden doors and their manufacturing methods	2014-06-17	2015-10-29	邹仕理

（续）

公开号	申请号	标题	申请日	公开日	当前申请人
US8997417	US13/753499	Door made of polyurethane and method for manufacturing the same	2013-01-29	2015-04-07	王忠平
US20150030807A1	US14/306846	Crack-resistant composite wooden doors and their manufacturing methods	2014-06-17	2015-01-29	邹仕理
EP2808478A1	EP2014170612	Degradable environmentally friendly fireproof wooden door plank and environmentally friendly fireproof wooden door	2014-05-30	2014-12-03	利昌工程建材有限公司
US20140024732A1	US13/753499	Door made of polyurethane and method for manufacturing the same	2013-01-29	2014-01-23	王忠平
WO2014008690A1	PCT/CN2012/079432	Modular sectional hoisting garage door	2012-07-31	2014-01-16	丁东；丁冬
WO2011143796A1	PCT/CN2010/000803	Composite energy-saving door or window assembled by aluminum wood, plastic wood or steel wood	2010-06-08	2011-11-24	詹庆富
WO2008116384A1	PCT/CN2008/000560	A mimic panel door and a method there of	2008-03-21	2008-10-02	刁宏伟
WO2008110068A1	PCT/CN2008/000471	A combined door frame and its fixing method	2008-03-10	2008-09-18	刁宏伟
MY134979U	MYUI1997001359	Composite doorframe	1997-03-28	2008-01-31	CHUNG CHIH CHO
WO2007056938A1	PCT/CN2006/002988	Wooden surface steel core combined antitheft door frame and its installing method	2006-11-08	2007-05-24	刁宏伟
WO2005052299A1	PCT/CN2004/000864	Bamboo door	2004-07-26	2005-06-09	傅玉双
WO2005005760A1	PCT/CN2004/000761	A new type bamboo composite door	2004-07-07	2005-01-20	傅玉双
WO2004092523A1	PCT/CN2003/000773	A veneering wooden door and a method for veneering an inner veneer strip of a door frame	2003-09-15	2004-10-28	余静远

4.2.3　年度分布分析

　　从排名前 10 位的国家的优先权量的公开年度分布来看，美国、德国、英国、法国和奥地利的木质门相关技术起步较早，从 20 世纪 70 年代以来即开始有相关技术专利申请，但是德国明显处于技术优势地位，并且这种优势地位一直持续至今。除德国外，美国自2003 年以后在这些最早起步的国家中逐渐占据优势地位，2003—2017 年的优先权专利量超过了德国。日本的木质门相关技术起步较晚，专利公开多集中在 1998—2002 年，2003年后呈现下降趋势。英国的木质门相关技术起步较早，其专利量相对稳定。中国也是木质门相关技术起步比较晚的国家，自 20 世纪 90 年代才有相关技术专利，且 2003 年之前数量十分稀少，2003 年至今相关技术专利量迅速增加，目前发展势头依然十分强劲(表 4-3)。

表4-4　全球木质门相关技术专利主要优先权国家优先权专利公开年度分布

国家	1967—1972	1973—1977	1978—1982	1984—1987	1989—1992	1994—1997	1998—2002	2003—2007	2008—2012	2013—2017
中国					1	15	11	106	895	2304
德国		85	62	71	79	102	180	172	147	69
美国	2	7	22	13	30	68	118	210	184	142
日本		1			27	77	107	81	53	29
英国	5	25	24	26	21	44	67	50	44	54
法国	1	17	47	27	33	34	18	22	43	24
韩国					7	5	20	68	92	59
意大利			16	9	5	22	32	29	35	11
瑞典		13	19	38	37	18	16	6	1	5
奥地利	1	6	5	4	9	19	15	17	14	10

　　总体来看，美国、德国、英国和法国在全球木质门相关技术方面研究开始的时间比较早，而且美国和德国近几年发展势头良好。尽管近年来中国的优先权专利量迅猛增长，但是海外专利量极少，与德国和美国相比还有一些差距。

4.3　本章小结

　　全球木质门相关技术专利受理局共有46个国家（地区、组织）。中国的专利受理量之和占全球总量的近45%，是木质门相关技术专利的主要布局区域。排名前10位的受理局的专利受理量之和占全球总量的86%，这表明全球木质门相关技术专利布局主要集中在中国、德国、美国、日本等国家。这些国家既是全球木质门的主要市场，也是专利申请人选择的主要专利布局区域，而其他国家和地区则相对不受重视。各个国家（地区、组织）专利木质门相关技术专利受理主要集中在2003—2017年期间，而且专利受理量呈增长趋势。

　　全球木质门相关技术专利优先权国家（地区、组织）47个，中国优先权专利总量遥遥领先，共3332件，占全球专利总量的44.2%，可以说中国在木质门相关技术领域具有优势地位，排在中国之后的依次是德国、美国、日本、英国、法国、韩国、意大利、瑞典和奥地利。德国和美国虽然优先权专利量不如中国，但是其海外专利数量和专利总被引频次远远高于中国。意大利和瑞典的被引证数和海外布局率也都较高。日本和韩国的木质门专利量虽然高于意大利和瑞典，但是专利海外布局数量和被引次数远不如意大利和瑞典。美国、德国、英国、法国和奥地利在全球木质门相关技术方面开始研究的时间比较早，而且美国和德国近几年发展势头较好。尽管近年来中国的优先权专利量迅猛增长，但是海外专利量极少，在这方面与美国相比还有一些差距。

第五章　总体分类分析

通过对木质门的主要分类分析来了解全球木质门相关技术的主要技术分类及其状况，有利于国内企业了解竞争环境和技术侧重点，制定竞争策略和与之相应的专利战略。结合专家意见、木门分类和通用技术要求（GB/T 35379—2017）、木门窗（GB/T 29498—2013）以及本研究检索到的专利文献的特点，将木质门相关专利分为木质门和木质门框两大类，并依据部分木质门专利同时涉及了窗的保护的特性，再分为木质门（未涉窗）、木质门（涉窗）、木质门框（未涉窗）和木质门框（涉窗）4 种；依据木质门的功能特性，分为防火门、防盗门、隔热耐热门、隔音门等；依据木质门的结构组成特性，分为实木门、实木复合门和木质复合门 3 种（因为纯竹木门的专利非常少，本研究将纯竹木门归类为实木门，未做单独分类）；同时对木质复合门按照组成材料成分如金属（钢、铝合金）、塑料、玻璃、胶合板、纤维板、刨花板和层压木等进行分析。

5.1　总体情况

全球木质门相关技术专利文献量共 7544 件，含木质门专利 6169 件，木质门框专利1375 件，其中木质门（未涉窗）（5282 件）、木质门（涉窗）（887 件）、木质门框（856 件）和木质门框（涉窗）（519 件）（图 5-1）。从全球木质门主要分类的公开年度分布来看，木质门和木质门框专利最开始申请时，并没有涉及窗的保护，1973 年以后木质门相关专利文件中才涉及窗的保护，木质门框中涉及窗保护的专利比例高于木质门（表 5-1）。

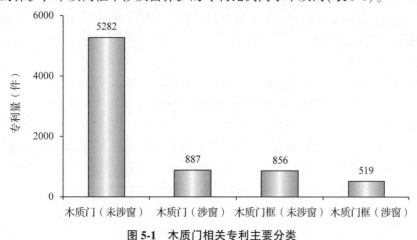

图 5-1　木质门相关专利主要分类

表 5-1   全球木质门相关技术专利主要分类公开年度分布

主要分类	1967—1972	1973—1977	1978—1982	1984—1987	1989—1992	1994—1997	1998—2002	2003—2007	2008—2012	2013—2017
木质门(未涉窗)	9	82	160	153	183	285	423	648	1200	2139
木质门(涉窗)		10	7	29	17	20	48	77	232	447
木质门框(未涉窗)	1	68	40	53	45	88	100	101	172	188
木质门框(涉窗)		21	23	25	55	80	110	66	58	81

5.2   主要分类分析

5.2.1   组成特性分析

依据木质门的结构组成特性,将木质门分为实木门、实木复合门和木质复合门 3 种。本研究依据专利文献信息对 5282 件木质门(未涉窗)和 887 件木质门(涉窗)专利进行了人工标引,其中有 5478 件专利包含了木质门结构分类信息,691 件专利分类未标明,分类未标明的专利占木质门(未涉窗)和木质门(涉窗)专利总量的 11.2%,说明一部分专利权人为了扩大专利文献的保护范围,并没有在权利要求等信息中注明木质门的结构组成分类。5478 件已进行标引分类的专利分为实木门(568 件)、实木复合门(213 件)和木质复合门(4697 件)(表 5-2)。已分类的木质门专利中,木质复合门专利最多,实木门次之,实木复合门专利量最少。在木质门(涉窗)技术专利中,实木门和实木复合门较少,两种合计只有 35 件。

表 5-2   全球木质门相关技术专利主要结构分类

主要分类	实木门	实木复合门	木质复合门	合计
木质门(未涉窗)	542	204	3923	4669
木质门(涉窗)	26	9	774	809
合计	568	213	4697	5478

对 4697 件木质复合门专利按照组成材料成分如金属(包括钢、铝合金等)、塑料、玻璃、胶合板、实木、纤维板、刨花板和层压木等 8 类材料进行进行了分类和标引,因为同一件木质复合门专利中文献同时标明多种材料成分,本研究在制作木质复合门相关技术专利主要组成材料分类表(表 5-3、表 5-4)的同时,也绘制了木质复合门相关技术专利主要组成材料自相关矩阵(表 5-5)。

木质复合门专利的主要组成材料中,金属、玻璃和塑料 3 种材料排名前 3 位,其中金属最多,为 2269 件,含有玻璃和塑料的专利的数量相差不大。木质板材类的 5 种材料中,含有胶合板的专利量最多,实木次之,层压木专利量最少。3923 件未涉窗保护的木质复合门专利中,含有金属的专利量最多,塑料次之,胶合板排名第 3,层压木专利量最少。774 件涉及窗保护的木质复合门专利中,含有金属的专利量最多,玻璃次之,塑料和实木分别排名第 3、4 位,层压木、刨花板和纤维板专利量较少(表 5-3)。

本研究对木质复合门专利的组成材料金属再进行分类标引，主要有钢和铝合金两种，同时一部分专利文本中仅标明了含有金属，并未标明金属的相关种类或确切类型（表5-4）。2269件，含有金属的木质复合门专利中，含有铝合金的专利最多，879件，含有钢的专利698件，未标明确切金属类型的专利692件。其中，1704件含有金属但未涉及窗保护的木质复合门专利文献量中，未标明金属确切类型的专利量最多，为650件，钢木门的专利量也多于铝合金木门；含有金属且涉及窗保护的木质复合门565件专利中，铝合金木门专利量最多，为446件，钢木门次之，77件，未标明金属确切类型专利最少，专利量仅为42件。

表5-3　木质复合门相关技术专利主要组成材料分类

结构名称	金属	玻璃	塑料	胶合板	实木	纤维板	刨花板	层压木
木质复合门（4697件）	2269	1144	1092	852	757	446	148	80
木质复合门（未涉窗）（3923件）	1704	790	828	797	621	440	142	70
木质复合门（涉窗）（774件）	565	354	264	55	136	6	6	10

表5-4　木质复合门相关技术专利主要组成材料（金属）分类

结构名称	金属	铝合金	钢	金属（未标明）
木质复合门	2269	879	698	692
木质复合门（未涉窗）	1704	433	621	650
木质复合门（涉窗）	565	446	77	42

根据木质复合门相关技术专利主要组成材料自相关矩阵（表5-5）来看，除了刨花板和层压木没有同时出现在木质复合门专利文献中，其他任意两种材料的组合都同时出现在木质复合门专利文献中。通过自相关矩阵（表5-5）可以得知，同时含有金属和玻璃的专利文献量最多，为573件；同时含有金属和塑料的专利文献量排名第二，为545件；同时含有金属和实木的专利文献量排名第三，为358件。木质板材类的5种材料中，同时含有胶合板和实木的专利文献量最多，为166件；排名第二的是同时含有胶合板和是纤维板的专利文献，为110件；排名第三的是同时含有实木和纤维板的专利文献，为102件。

表5-5　木质复合门相关技术专利主要组成材料自相关矩阵

组成材料	金属	玻璃	塑料	胶合板	实木	纤维板	刨花板	层压木
金属	2269	573	545	356	358	103	21	26
玻璃	573	1144	316	136	220	66	34	19
塑料	545	316	1092	148	190	154	29	14
胶合板	356	136	148	852	166	110	45	34
实木	358	220	190	166	757	102	55	14
纤维板	103	66	154	110	102	446	93	4
刨花板	21	34	29	45	55	93	148	
层压木	26	19	14	34	14	4		80

　　根据木质复合门相关技术专利主要组成材料相关图谱(图 5-2 至图 5-4)来看,同时出现金属、玻璃和塑料的专利文献量 187 件。根据铝合金、钢、玻璃和塑料相关图谱(链接大于等于3)(图5-3),同时出现铝合金、玻璃和塑料的专利最多,为 72 件,同时出现铝合金、钢、玻璃和塑料 4 种材料的专利文献有 13 件。木质板材类的 5 种材料中,同时出现刨花板、纤维板、实木 3 种材料专利文献最多,数量为 33 件,同时出现刨花板、纤维板、胶合板专利文献量 21 件,同时出现纤维板、实木、胶合板专利文献量 21 件。其余三种材料同时出现的专利文献量较少。

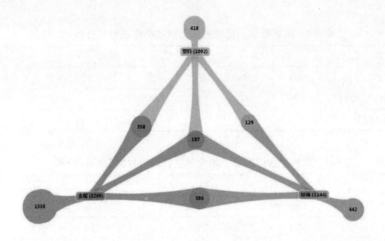

图 5-2　木质复合门相关技术专利主要组成材料(金属、塑料和玻璃)相关图谱

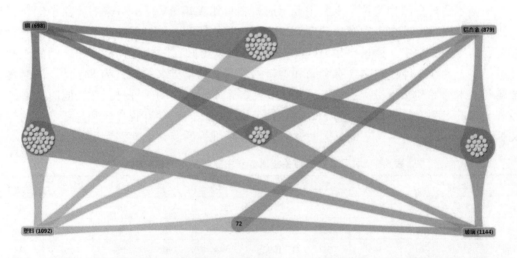

图 5-3　木质复合门相关技术专利主要组成材料(铝合金、钢、塑料和玻璃)相关图谱(链接大于等于 3)

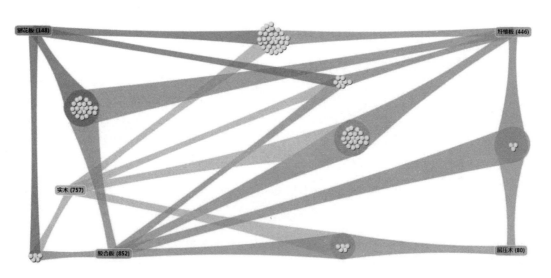

图5-4 木质复合门相关技术专利主要组成材料(5类木质板材)相关图谱(链接大于等于3)

5.2.2 功能特性分类分析

依据专利文献信息按照木质门的功能特性对7544件木质门专利进行分类标引,其中3415件专利信息中明确了木质门的功能特性,分别为隔热耐热(1962件)、防火(1518件)、隔音(845件)和防盗(271件)(表5-5)。从木质门的主要功能特性分类来看,具有隔热耐热功能的木质门专利最多,防盗功能的木质门专利最少。从木质门的主要分类来看,相对于木质门(涉窗),未涉及窗保护的木质门专利更注重防火和防盗功能,涉及窗保护的木质门专利,则注重隔热耐热功能。同样,相对于木质门框(涉窗),未涉及窗保护的木质门框专利更注重防火和防盗功能,涉及窗保护的木质门框专利,则注重隔热耐热功能。目前已经按照功能特性分类标引的木质门框(涉窗)专利中,没有注明具有防盗特性的专利。

根据木质门相关技术专利主要功能特性相关图谱(图5-5至图5-7)来看,两种功能特性共现的专利量最多的是隔热耐热和防火,411件;其次是隔热耐热和隔音共现的专利文献,191件;排名第3的是隔音和防火,专利文献量144件。3种功能特性共现的专利量最多的隔热耐热、防火和隔音,共95件;其次是隔热耐热、防火和防盗,共23件;排名第3的是隔音、防火和防盗,共21件。4种功能特性共现的专利文献量共17件。

表5-5 全球木质门相关技术专利主要功能特性分类

主要分类	隔热耐热	防火	隔音	防盗
木质门(未涉窗)	1319	1348	724	247
木质门(涉窗)	326	32	78	11
木质门框(未涉窗)	137	117	34	13
木质门框(涉窗)	180	21	9	0
合计	1962	1518	845	271

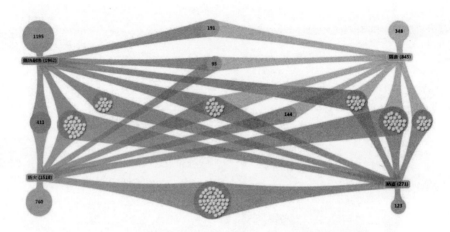

图 5-5　全球木质门相关技术专利主要功能特性相关图谱

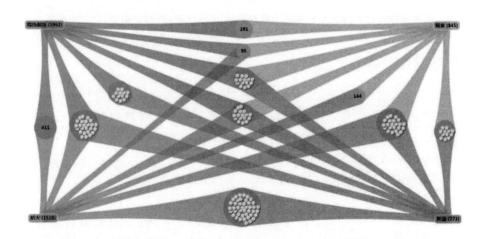

图 5-6　全球木质门相关技术专利主要功能特性相关图谱(链接大于等于 2)

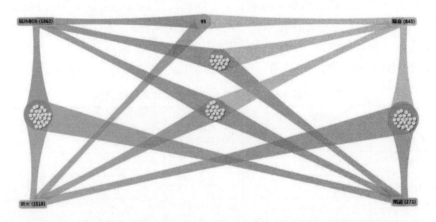

图 5-7　全球木质门相关技术专利主要功能特性相关图谱(链接大于等于 3)

5.3 主要国家(地区、组织)技术分类分析

对 7544 件全球木质门相关技术专利文献公开量排名的前 15 的国家(地区、组织)进行技术分类分析,可以了解各国木质门专利技术的侧重点。

5.3.1 主要国家(地区、组织)专利技术组成特性分析

按照木质门(未涉窗)(5282 件)、木质门(涉窗)(887 件)、木质门框(856 件)和木质门框(涉窗)(519 件)4 种主要分类类型,对排名前 15 的公开国家(地区、组织)的专利进行统计,专利总量排名前 5 的国家地区依次是中国、德国、美国、欧洲专利局和日本(图 5-6)。

数据表明,按照木质门(不含门框)专利量排名,排名前 5 的国家(地区、组织)依次是中国、德国、美国、日本和欧洲专利局。排名前 3 的国家(地区、组织)与木质门专利总量排名相同,专利总量排名第 5 的日本,在木质门(不含门框)专利总量中,排名第 4,木质门(不含门框)专利量 352 件,超过了欧洲专利局。按照木质门(未涉窗)专利排名,排名前 5 的国家(地区、组织)依次是中国、美国、日本、德国和欧洲专利局,美国和日本分别上升到第 2 位和第 3 位。在木质门(涉窗)专利技术领域,只有 3 个国家(地区、组织)有专利技术优势,分别为中国、德国和欧洲专利局,其中中国的专利量优势更加明显,占木质门(涉窗)专利总量的 66.6%。

按照木质门框专利量排名,排名前 5 的国家(地区、组织)依次是中国、德国、欧洲专利局、法国和美国。按照木质门框(未涉窗)专利量排名,排名前 5 的国家(地区、组织)依次是中国、德国、欧洲专利局、法国和韩国。在木质门框(未涉窗)专利技术领域,中国和德国具有专利技术优势,专利量分别为 218 件和 126 件,韩国和法国的专利量相同,均为 54 件。按照木质门框(涉窗)专利量排名,排名前 5 的国家(地区、组织)依次是德国、欧洲专利局、中国、法国和英国,在木质门框(涉窗)专利技术领域,德国具有优势地位,专利量为 107 件。

表 5-6　排名前 15 的公开国家(地区、组织)木质门相关技术专利主要分类

公开国家(地区、组织)	木质门(未涉窗)	木质门(涉窗)	木质门(不含门框)专利合计	木质门框(未涉窗)	木质门框(涉窗)	木质门框专利合计	总量
中国	2535	591	3126	218	33	251	3377
德国	324	112	436	126	107	233	669
美国	407	11	418	48	25	73	491
欧洲专利局	257	61	318	57	104	161	479
日本	347	5	352	39	15	54	406
韩国	182	14	196	54	9	63	259
英国	186	4	190	19	30	49	239
法国	133	11	144	54	31	85	229
世界知识产权组织	114	22	136	19	26	45	181
加拿大	107	4	111	20	14	34	145

（续）

公开国家（地区、组织）	木质门（未涉窗）	木质门（涉窗）	木质门（不含门框）专利合计	木质门框（未涉窗）	木质门框（涉窗）	木质门框专利合计	总量
澳大利亚	60	2	62	39	12	51	113
西班牙	69	4	73	9	9	18	91
中国台湾	66	4	70	14	1	15	85
奥地利	32	8	40	20	6	26	66
意大利	31	9	40	9	17	26	66

　　本研究利用5478件已人工标引的包含了木质门结构分类信息的专利文献，按照公开国家（地区、组织）的排名，对排名前15的国家（地区、组织）进行了分类统计（表5-7），统计表明，中国在实木门、实木复合门和木质复合门3个领域中具有绝对的专利数量优势。在排名前5的国家当中，中国、德国、美国和韩国4个国家木质复合门专利量最多，实木门次之，实木复合门专利量最少，说明这4个的国家更注重木质复合门的技术研究，实木复合门的技术研究则相对不受重视，排名第4的日本实木复合门专利量为9件，实木门专利量为0件。按照各公开国家（地区、组织）已标明分类专利量占其木质门（不含门框）百分比来看，中国、德国、美国、日本和韩国5个国家中，百分比从低到高依次是日本、德国、韩国、美国和中国，其中，日本的百分比不到80%，德国和韩国的百分比不到90%，说明相对美国和中国而言，日本、德国和韩国3个国家的专利权人更倾向于扩大专利文献的保护范围，在部分专利中并没有在权利要求等信息中注明木质门的结构组成分类。

　　在实木门和实木复合门两个技术领域中，除中国外，其他的国家的专利都很少。在实木门领域，除中国外，只有德国和美国2个国家专利量超过了10件，分别为21件，19件。在实木复合门领域，英国和日本专利量分别排第2、3位，分别为10件和9件。按照木质复合门专利排名来看，中国排名第1位，排名2~5位国家的是，美国、德国、日本和韩国，同时，排名第6的英国专利量（157件）与韩国相差不大，其余国家木质门专利量相对较少。

表5-7　排名前15的公开国家（地区、组织）木质门相关技术专利主要结构分类

公开国家（地区、组织）	木质复合门	实木门	实木复合门	木质门（不含门框）专利合计	已标明分类专利量合计	已标明分类占木质门（不含门框）专利量百分比
中国	2290	477	141	3126	2908	93.03%
德国	328	21	5	436	354	81.19%
美国	364	13	5	418	382	91.39%
日本	253	0	9	352	262	74.43%
欧洲专利局	266	19	4	318	289	90.88%
韩国	164	5	0	196	169	86.22%
英国	157	0	10	190	167	87.89%
法国	109	1	7	144	117	81.25%
世界知识产权组织	119	2	4	136	125	91.91%

（续）

公开国家(地区、组织)	木质复合门	实木门	实木复合门	木质门(不含门框)专利合计	已标明分类专利量合计	已标明分类占木质门(不含门框)专利量百分比
加拿大	100	5	1	111	106	95.50%
西班牙	53	0	3	73	56	76.71%
中国台湾	38	2	2	70	42	60.00%
澳大利亚	52	1	4	62	57	91.94%
奥地利	28	4	2	40	34	85.00%
意大利	23	2	0	40	25	62.50%

对 4697 件木质复合门专利的组成材料和排名 15 的国家(地区、组织)进行统计(表 5-8),统计表明,在金属、塑料和玻璃 3 类材料中,中国、德国、日本和韩国在木质复合门专利技术领域中更侧重于金属木质复合门的研究。其中,德国的木质复合门专利中,含有金属和塑料的专利相差不大,分别为 147 件和 143 件。而美国木质复合门专利中,含有塑料的专利数量最多,为 114 件。

在胶合板、实木、纤维板、刨花板和层压木 5 类木质板材中,中国的木质复合门专利技术侧重于实木,美国侧重于纤维板,德国、日本和韩国侧重于胶合板。美国在纤维板和刨花板木质复合门专利技术领域中,专利量都排名第 1 位。在含有层压木的木质复合门专利中,中国和日本具有相对的优势。

表 5-8　排名前 15 的公开国家(地区、组织)木质复合门技术专利主要组成材料分类

公开国家(地区、组织)	木质复合门专利量	金属	玻璃	塑料	胶合板	实木	纤维板	刨花板	层压木
中国	2290	1384	571	382	382	479	91	25	25
美国	364	92	79	114	59	70	100	42	3
德国	328	147	97	143	60	32	18	8	6
欧洲专利局	266	102	96	111	36	30	34	9	8
日本	253	79	26	44	80	11	34	5	13
韩国	164	63	31	32	33	6	25	4	0
英国	157	58	43	46	38	20	17	4	4
世界知识产权组织	119	34	34	41	23	22	21	12	2
法国	109	59	20	18	19	13	1	1	2
加拿大	100	38	24	28	19	15	13	12	0
西班牙	53	18	17	14	3	9	10	5	1
澳大利亚	52	14	12	20	11	11	16	1	2
中国台湾	38	13	9	14	4	3	2	0	0
奥地利	28	20	12	9	6	3	0	1	0
意大利	23	9	6	5	9	2	4	0	2

在金属木质复合门领域,排名前 5 的国家依次为中国、德国、美国、日本和韩国(表

5-9）。中国在铝合金木门和钢木门领域具有明显的专利优势，铝合金木门专利量为 667 件，钢木复合门专利量为 498 件。而金属木质复合门专利量排名第 2~5 的德国、美国、日本和韩国 4 个国家的金属木质复合门专利文献中，金属(未标明)占金属复合门专利总量百分比分别为 52.38%、48.91%、48.91% 和 48.91%，远超过中国的 15.82%。这种情况说明，德国、美国、日本和韩国 4 个国家在金属木质复合门专利文献中，专利权人更倾向于扩大专利文献的保护范围，在近半数或超过半数的专利中并没有在权利要求等信息中注明金属木质门的具体金属种类。

表 5-9   排名前 15 的公开国家(地区、组织)木质复合门技术专利主要组成材料(金属)分类

公开国家(地区、组织)	木质复合门专利量	金属	金属			金属(未标明)占金属复合门专利总量百分比
			铝合金	钢	金属(未标明)	
中国	2290	1384	667	498	219	15.82%
美国	364	92	26	21	45	48.91%
德国	328	147	33	37	77	52.38%
欧洲专利局	266	102	26	12	64	62.75%
日本	253	79	20	11	48	48.91%
韩国	164	63	14	14	35	48.91%
英国	157	58	14	19	25	43.10%
世界知识产权组织	119	34	15	11	8	23.53%
法国	109	59	10	11	38	64.41%
加拿大	100	38	6	9	23	60.53%
西班牙	53	18	6	8	4	22.22%
澳大利亚	52	14	6	2	6	42.86%
中国台湾	38	13	1	3	9	69.23%
奥地利	28	20	7	5	8	40.00%
意大利	23	9	4	2	3	33.33%

5.3.2   主要国家专利技术功能特性分类分析

依据专利文献信息按照木质门的功能特性对 7544 件木质门专利进行分类标引，其中 3415 件专利信息中明确了木质门的功能特性，分别为隔热耐热(1962 件)、防火(1518 件)、隔音(845 件)和防盗(271 件)。

依据已人工标引的包含了木质门功能特性(隔热耐热、防火、隔音和防盗)分类信息的专利文献，按照公开国家的排名，对排名前 15 的国家进行了分类统计(表 5-10)，统计表明，中国的 4 类木质门功能特性专利都具有绝对的数量优势。除中国外的各公开国家中，美国的隔热耐热木质门专利数量最多，为 171 件，其次为德国，145 件；日本的防火木质门专利数量最多，104 件；韩国的隔音木质门专利数量最多，38 件；德国的防盗门专利数据量多，9 件。从已标明功能特性分类的专利量占木质门总量的百分比来看，木质门专利总量排名前 5 的国家按照百分比从低到高依次是：德国、日本、美国、韩国、中国。

表 5-10　排名前 15 的公开国家(地区、组织)木质门技术专利主要功能特性分类

公开国家(地区、组织)	木质门专利总量	隔热耐热	防火	隔音	防盗	已标明分类专利量合计	已标明分类专利量占木质门总量百分比
中国	3377	851	683	579	222	2335	69.14%
德国	669	145	87	23	9	264	39.46%
美国	491	171	92	32	4	299	60.90%
欧洲专利局	479	150	106	28	7	291	60.75%
日本	406	101	104	26	0	231	56.90%
韩国	259	52	79	38	2	171	66.02%
英国	239	75	78	7	5	165	69.04%
法国	229	63	36	6	3	108	47.16%
世界知识产权组织	181	59	38	21	3	121	66.85%
加拿大	145	52	36	13	1	102	70.34%
澳大利亚	113	21	21	9	1	52	46.02%
西班牙	91	18	15	3	0	36	39.56%
中国台湾	85	15	12	6	0	33	38.82%
奥地利	66	14	6	2	0	22	33.33%
意大利	66	10	4	1	0	15	22.73%

　　按照木质门(不含门框)专利总量排名,对排名前 15 的国家(地区、组织)进行了分类统计(表 5-11),统计表明,中国的 4 类木质门功能特性专利都具有绝对的数量优势。在木质门(不含门框)专利统计中,除中国外的各公开国家中,美国的隔热耐热木质门专利数量最多,为 148 件,其次为德国,98 件;日本的防火木质门专利数量最多,96 件;韩国的隔音木质门专利数量最多,34 件;德国的防盗门专利数据量多,9 件。从已标明功能特性分类的专利量占木质门(不含门框)总量的百分比来看,木质门(不含门框)专利总量排名前 5 的国家按照百分比从低到高依次是:德国、日本、美国、中国、韩国。

表 5-11　排名前 15 的公开国家(地区、组织)木质门技术专利(不含门框)主要功能分类

公开国家(地区、组织)	木质门(不含门框)专利总量	隔热耐热	防火	隔音	防盗	已标明功能分类专利量合计	已标明分类专利量占木质门(不含门框)百分比
中国	3126	801	638	557	209	2205	70.54%
德国	436	98	74	21	9	202	46.33%
美国	418	148	80	32	4	264	63.16%
日本	352	91	96	25	0	212	60.23%
欧洲专利局	318	92	88	27	7	214	67.30%
韩国	196	37	66	34	2	139	70.92%
英国	190	69	74	7	5	155	81.58%
法国	144	39	34	5	3	81	56.25%
世界知识产权组织	136	44	33	20	3	100	73.53%
加拿大	111	38	34	12	1	85	76.58%

（续）

公开国家(地区、组织)	木质门(不含门框)专利总量	隔热耐热	防火	隔音	防盗	已标明功能分类专利量合计	已标明分类专利量占木质门(不含门框)百分比
西班牙	73	14	15	2	0	31	42.47%
中国台湾	70	15	10	6	0	31	44.29%
澳大利亚	62	18	16	9	1	44	70.97%
奥地利	40	11	4	2	0	17	42.50%
意大利	40	6	4	1	0	11	27.50%

　　按照木质门(未涉窗)专利总量排名,对排名前 15 的国家(地区、组织)进行了分类统计(表 5-12),统计表明,中国的 4 类木质门功能特性专利都具有绝对的数量优势,且在木质门(未涉窗)专利统计中,中国的木质防火门专利量(613 件)超过了木质隔热耐热门(554件)。在木质门(未涉窗)专利统计中,除中国外的各公开国家中,美国的隔热耐热木质门专利数量最多,为 147 件;日本的防火木质门专利数量最多,96 件;韩国的隔音木质门专利数量最多,33 件;德国的防盗门专利数量最多,9 件。从已标明功能特性分类的专利量占木质门(不含门框)总量的百分比来看,木质门(未涉窗)专利总量排名前 5 的国家按照百分比从低到高依次是:德国、日本、美国、中国、英国。

表 5-12　排名前 15 的公开国家(地区、组织)木质门(未涉窗)技术专利主要功能分类

公开国家(地区、组织)	木质门(未涉窗)专利总量	隔热耐热	防火	隔音	防盗	已标明功能分类专利量合计	已标明分类专利量占木质门(未涉窗)百分比
中国	2535	554	613	489	200	1856	73.21%
美国	407	147	78	30	4	259	63.64%
日本	347	91	96	24	0	211	60.81%
德国	324	66	70	20	9	165	50.93%
欧洲专利局	257	74	88	25	6	193	75.10%
英国	186	65	74	7	5	151	81.18%
韩国	182	34	66	33	2	135	74.18%
法国	133	35	34	5	3	77	57.89%
世界知识产权组织	114	38	33	18	3	92	80.70%
加拿大	107	36	33	12	1	82	76.64%
西班牙	69	13	15	2	0	30	43.48%
中国台湾	66	15	10	6	0	31	46.97%
澳大利亚	60	18	16	9	1	44	73.33%
奥地利	32	7	4	2	0	13	40.63%
意大利	31	5	4	1	0	10	32.26%

　　按照木质门框专利总量排名,对排名前 15 的国家(地区、组织)进行了分类统计(表5-13),统计表明,排名前 5 的公开国家是中国、德国、法国、美国和韩国,中国虽然在木质门框专利总量中排名第 1 位,但是与德国专利量相差不大。在木质门框隔热耐热领域,中国在公开国家中虽然还排在第 1 位,但是专利量低于欧洲专利局公开的 58 件。在

木质门框防火领域，中国排名第 1 位，其次是德国(13 件)、韩国(13 件)和美国(12 件)。除中国外，其他国家涉及隔音和防盗的木质门框专利量都很少，只有中国木质门框专利涉及防盗功能，专利量为 13 件。从已标明功能特性分类的专利量占木质门框总量的百分比来看，木质门框专利总量排名前 5 的国家按照百分比从低到高依次是：德国、法国、美国、韩国、中国。

表 5-13 排名前 15 的公开国家(地区、组织)木质门框技术专利主要功能分类

公开国家(地区、组织)	木质门框专利总量	隔热耐热	防火	隔音	防盗	已标明功能分类专利量合计	已标明分类专利量占木质门框百分比
中国	251	50	45	22	13	130	51.79%
德国	233	47	13	2	0	62	26.61%
欧洲专利局	161	58	18	1	0	77	47.83%
法国	85	24	2	1	0	27	31.76%
美国	73	23	12	0	0	35	47.95%
韩国	63	15	13	4	0	32	50.79%
日本	54	10	8	1	0	19	35.19%
澳大利亚	51	3	5	0	0	8	15.69%
英国	49	6	4	0	0	10	20.41%
世界知识产权组织	45	15	5	1	0	21	46.67%
加拿大	34	14	2	1	0	17	50.00%
奥地利	26	3	2	0	0	5	19.23%
意大利	26	4	0	0	0	4	15.38%
西班牙	18	4	0	1	0	5	27.78%
中国台湾	15	0	2	0	0	2	13.33%

按照木质复合门专利总量排名，对排名前 15 的国家(地区、组织)进行了分类统计(表5-14)，统计表明，排名前 5 的公开国家是中国、美国、德国、日本和韩国，中国的 4 类木质复合门功能特性专利都具有绝对的数量优势。在木质复合门专利统计中，除中国外的各公开国家中，美国的隔热耐热木质门专利数量最多，为 143 件，其次为日本，83 件；日本的防火木质门专利数量最多，94 件；韩国的隔音木质门专利数量最多，32 件；德国的防盗门专利数据量多，7 件。从已标明功能特性分类的专利量占木质复合门专利总量的百分比来看，木质复合门专利总量排名前 5 的国家按照百分比从低到高依次是：德国、美国、日本、中国、韩国。

表 5-14 排名前 15 的公开国家(地区、组织)木质复合门技术专利主要功能分类

公开国家(地区、组织)	木质复合门专利总量	隔热耐热	防火	隔音	防盗	已标明功能分类专利量合计	已标明分类专利量占木质复合门百分比
中国	2290	678	559	425	180	1842	80.44%
美国	364	143	77	28	3	251	68.96%
德国	328	78	71	16	7	172	52.44%

（续）

公开国家（地区、组织）	木质复合门专利总量	隔热耐热	防火	隔音	防盗	已标明功能分类专利量合计	已标明分类专利量占木质复合门百分比
欧洲专利局	266	81	81	17	4	183	68.80%
日本	253	83	94	19		196	77.47%
韩国	164	36	65	32	2	135	82.32%
英国	157	64	70	5	3	142	90.45%
世界知识产权组织	119	42	31	16	2	91	76.47%
法国	109	33	34	3	3	73	66.97%
加拿大	100	34	34	11	1	80	80.00%
西班牙	53	14	15	2		31	58.49%
澳大利亚	52	18	14	9		41	78.85%
中国台湾	38	13	10	5		28	73.68%
奥地利	28	9	4	2		15	53.57%
意大利	23	3	4			7	30.43%

5.4 本章小结

全球木质门相关技术专利文献量共 7544 件，含木质门专利 6169 件，木质门框专利 1375 件，其中木质门（未涉窗）5282 件、木质门（涉窗）887 件、木质门框 856 件和木质门框（涉窗）519 件。

从全球木质门主要分类的公开年度分布来看，木质门和木质门框专利最开始申请时，并没有涉及窗的保护，1973 年以后木质门相关专利中涉及窗的保护，木质门框中涉及窗保护的专利比例高于木质门。木质复合门专利的主要组成材料中，金属、玻璃和塑料三种材料排名前 3 位。木质板材类的 5 种材料中，含有胶合板的专利量最多，实木次之，层压木专利量最少。涉及金属的木质复合门专利中，含有铝合金的专利最多。根据木质复合门相关技术专利主要组成材料自相关矩阵，除了刨花板和层压木没有同时出现在木质复合门专利文献中，其他任意两种材料的组合都同时出现在木质复合门专利文献中。从木质门的主要功能特性分类来看，具有隔热耐热功能的木质门专利最多，防盗功能的木质门专利最少。从木质门的主要分类来看，相对于木质门（涉窗），未涉及窗保护的木质门专利更注重防火和防盗功能，涉及窗保护的木质门专利，则注重隔热耐热功能。

按照木质门（不含门框）专利量排名，排名前 5 的国家（地区、组织）依次是中国、德国、美国、日本和欧洲专利局。按照木质门（未涉窗）专利排名，排名前 5 的国家（地区、组织）依次是中国、美国、日本、德国和欧洲专利局。在木质门（涉窗）专利技术领域，只有三个国家（地区、组织）有专利技术优势，分别为中国、德国和欧洲专利局。按照木质门框专利量排名，排名前 5 的国家/地区依次是中国、德国、欧洲专利局、法国和美国。中国在实木门、实木复合门和木质复合门 3 个领域中具有绝对的专利数量优势。中国、德国、美国和韩国 4 个国家更注重木质复合门的技术研究，实木复合门的技术研究则相对不受重视，在金属、塑料和玻璃 3 类材料中，中国、德国、日本和韩国在木质复合门专利技术领域中更侧重于金属木质复合门的研究。其中，德国的木质复合门专利中，含有金属和塑料的专利相差不大。而美国木质复合门专利中，含有塑料的专利数量最多。在胶合板、实木、纤维板、刨花板和层压木 5 类木质板材中，中国的木质复合门专利技术侧重于实木，美国侧重于纤维板，德国、日本和韩国侧重于胶合板。美国在纤维板和刨花板木质复合门专利技术领域中，专利量都排名第 1 位。在含有层压木的木质复合门专利中，中国和日本具有相对的优势。在金属木质复合门领域，排名前 5 的国家依次为中国、德国、美国、日本和韩国。中国的铝合金木门和钢木门领域具有明显的专利优势。德国、美国、日本和韩国 4 个国家在金属木质复合门专利文献中，专利权人更倾向于扩大专利文献的保护范围，在近半数或超过半数的专利中并没有在权利要求等信息中注明金属木质门的具体金属种类。

中国的 4 类木质门功能特性专利都具有绝对的数量优势。除中国外的各公开国家中，美国的隔热耐热木质门数量最多；日本的防火木质门专利数量最多；韩国的隔音木质门专利数量最多；德国的防盗门专利数据量最多。

第六章　申请人分析

通过对申请人的分析来了解全球木质门相关技术的主要竞争者及其状况，有利于国内企业了解竞争环境，制定竞争策略和与之相关的专利战略。

6.1　总体情况

全球木质门相关技术专利的申请人共 2935 个，从专利申请人全球申请总量来看，排名前 38 的 41 位的申请人中，企业 30 家，个人申请人 11 位。美国有 19 个，中国有 10 个(含中国台湾 1 个)，德国有 4 个，瑞典有 2 个，加拿大 2 个，法国、日本、新西兰、韩国各有 1 个(表 6-1)。

表 6-1　全球木质门相关技术专利的主要申请人

排名	申请人	所属国家(地区)	全球专利(件)	主要专利布局地区(件)										
				CN	DE	US	EP	JP	KR	GB	FR	WO	CA	其他
1	MASONITE CORP	美国	337	19	8	137	27	4	10	6		24	16	86
2	ZHEJIANG RUIMING ENERGY SAVING DOORS & W	中国	110	108								2		0
3	LUETGERT K	美国	89	4	1	41	3	1	3			7	4	25
4	LYNCH S K	美国	88	2	1	44	4	1	3			7	4	22
5	MDF INC	美国	77	8	5	19	9		3	7		2	2	22
6	LIANG B	美国	66	3	1	25	4	1	3			3	4	22
7	JIANGSHAN XIANJIN MECHANICAL & ELECTRICAL TECHNOLOGY SERVICE	中国	58	58										0
8	BRADDOCK L	美国	55	2	1	20	2	1	3			3	4	19
8	SCHAFERNAK D E	美国	55	2	1	20	2	1	3			3	4	19
10	HEILONGJIANG HUAXIN FURNITURE CO LTD	中国	52	52										0
11	HARBIN SAYYAS WINDOWS CO LTD	中国	51	51										0

（续）

排名	申请人	所属国家(地区)	全球专利(件)	主要专利布局地区(件)										
				CN	DE	US	EP	JP	KR	GB	FR	WO	CA	其他
12	NAN YA PLASTICS CORP	中国台湾	49	5	5	12				11			9	7
13	SWEDOOR AB	瑞典	47	3	1	5	2			2	1	2		31
14	MATSUSHITA ELECTRIC WORKS LTD	日本	46					46						0
14	MESENNY ENTRANCE DOOR CO LTD	美国	46	4	3	16	4		2	2		1	1	13
14	MOYES H	美国	46	4	3	16	4		2	2		1	1	13
17	HOLZBAU SCHMID GMBH & CO KG	德国	42		20		19							3
18	HEBEI ORIENT SHUNDA WINDOWS CO LTD	中国	39	39										0
19	WALSH J M	美国	37			20	1			1		5	3	7
19	ZHEJIANG JINQI DOORS CO LTD	中国	37	37										0
21	ANDERSEN CORP	美国	36		2	13	4	1				2	8	6
22	CHARLES A	新西兰	34	4	1	13	4	2	3			1		6
22	FRANKEFORT M	法国	34	4	1	13	4	2	3			1		6
22	INT PAPER TRADEMARK CO	美国	34	4	1	13	4	2	3			1		6
22	METHONITE INT CORP	美国	34	4	1	13	4	2	3			1		6
22	PINTU ACQUISITION CO INC	美国	34	4	1	13	4	2	3			1		6
22	PREMADOR INC	加拿大	34	4	1	13	4	2	3			1		6
28	ANHUI ANWANG DOORS CO LTD	中国	33	33										0
29	PROMAT GMBH	德国	29		11		10					1		7
30	GEORGIA PACIFIC CORP	美国	28		1	10	5	3	1			2	2	4
30	PREMDOR INC	加拿大	28	4	2	3	5		1		2	1	1	9
32	MARLEY MOULDINGS INC	美国	27	1	1	3	4	2	2				3	11
32	SCHOERGHUBER SPEZIALTUEREN GMBH & CO BET	德国	27		12		15							0
32	UNILUX AG	德国	27	2	11	2	5					1	2	4
32	ZHEJIANG JIANGSHAN RUNAN DOOR IND CO LTD	中国	27	27										0
36	CRITTENDEN J G	美国	25	2		2	2	1	1			1	1	15
36	GUANGDONG SHENGBAOLUO DOOR IND CO LTD	中国	25	25										0
38	ALBANY INT CORP	美国	24	2		2	2	2	2			1	2	11
38	ASSA ABLOY ENTRANCE SYSTEMS AB	美国	24	2		2	2	2	2			1	2	11

（续）

排名	申请人	所属国家（地区）	全球专利（件）	主要专利布局地区（件）									
				CN	DE	US	EP	JP	KR	GB	FR	WO	CA	其他
38	LG CHEM LTD	韩国	24			2			22					0
38	SVENSK DOERRTEKNIK AB	瑞典	24	1		1				4	1		1	16

排名第 1 位的是美国的美森耐公司（MASONITE CORP）。其全球专利文献总量为 337 件，表 6-1 中排名前 38 的 41 位的申请人中的 11 位个人申请人均是美森耐公司联合申请的专利权人。美森耐公司的 337 件专利中 137 件是在美国申请，200 件是在其他 21 国家（地区、组织）申请，21 个国家（地区、组织）中，美森耐公司专利布局超过 10 件的国家和地区是欧洲专利局（27 件）、世界知识产权组织（24 件）、中国（19 件）、墨西哥（17 件）、加拿大（16 件）、印度（15 件）、澳大利亚（11 件）、韩国（10 件）。美森耐公司十分注重专利的国际布局。

排名第 2 位的是中国的浙江瑞明节能科技股份有限公司（ZHEJIANG RUIMING ENERGY SAVING DOORS & W），其全球专利文献总量为 110 件，2 件专利在世界知识产权组织申请，其余 108 件专利均为在中国申请。

排名第 3 位的企业是美国的 MDF 公司（MDF INC），其全球专利文献总量 77 件，19 件专利在美国申请，在其他国家（地区、组织）申请专利较多的是欧洲专利局（9 件）、中国（8件）、英国（7 件）和德国（5 件）。

排名第 4 位的企业是中国的江山显进机电科技服务有限公司（JIANGSHAN XIANJIN MECHANICAL & ELECTRICAL TECHNOLOGY SERVICE），其全球专利文献总量为 58 件，专利全部在中国申请，在海外没有布局专利。

排名第 5 位的企业是中国的黑龙江华信家具有限公司（HEILONGJIANG HUAXIN FURNITURE CO LTD），其全球专利文献总量为 52 件，专利全部在中国申请，在海外没有布局专利。

排名第 6 的企业是中国的哈尔滨森鹰窗业股份有限公司（HARBIN SAYYAS WINDOWS CO LTD），其全球专利文献总量为 51 件，专利全部在中国申请，在海外没有布局专利。

排名第 7 的企业是中国台湾的南亚塑胶工业股份有限公司（NAN YA PLASTICS CORP），其全球专利文献总量为 49 件，南亚塑胶工业股份有限公司在德国、英国、美国等国家（地区、组织）都有专利布局，南亚塑胶工业股份有限公司更重视欧洲的市场，在欧洲专利局、英国和德国共申请了 28 件专利。

排名第 8 的企业是瑞典的 SWEDOOR AB 公司，其全球专利文献总量为 47 件，在 14 个国家（地区、组织）进行专利布局，除瑞典本土申请的 10 件专利外，SWEDOOR AB 公司申请专利较多的国家（地区、组织）是挪威（7 件）、芬兰（6 件）和欧洲专利局（5 件）。

排名第 9 的企业是日本的松下电工株式会社（MATSUSHITA ELECTRIC WORKS LTD）和美国的美森耐进户门公司（MESENNY ENTRANCE DOOR CO LTD）。日本的松下电工株式会社其全球专利文献总量为 46 件，全部为在日本申请。美森耐进户门公司的 46 件专利中，在美国申请 16 件，其余 32 件进行了国际专利布局。

排名第 11 的企业是德国的 HOLZBAU SCHMID GMBH & CO KG 公司，其全球专利文献总量为 42 件，其在德国申请 20 件，欧洲专利局申请了 19 件其他国家（地区、组织）申请了 3 件。

从表 6-1 中的专利权人的专利布局地区可以看出，中国专利申请人进行海外专利布局的专利数量较少，而美国、德国、加拿大和瑞典等国的申请人都进行了国际专利布局。

按照排名前 38 专利权人和排名前 30 的企业之间合作关系图谱（图 6-1、图 6-2）来看，除了美森耐公司、美森耐进户门公司和 MDF 公司三家公司与其职工 LYNCH S K、BRAD-DOCK L、SCHAFERNAK D E 和 MOYES H 的合作申请外，其余企业申请人都没有与个人申请人的专利合作申请。

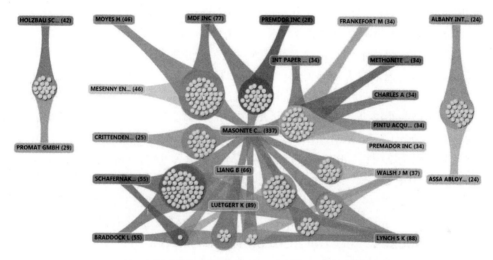

图 6-1　木质门相关技术专利主要专利权人合作关系图谱

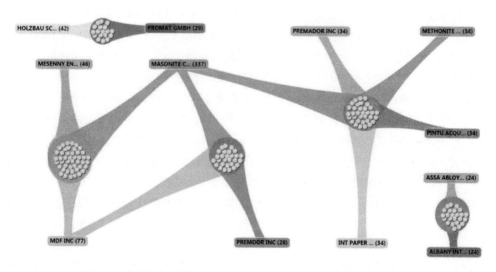

图 6-2　木质门相关技术专利主要企业专利权人之间合作关系图谱

从企业申请人之间的合作来看，除了美森耐公司与自己的子公司美森耐进户门公司和 MDF 公司合作外，美森耐公司和普雷姆多国际公司（PREMADOR INC）共同申请了专利 26 件，美森耐公司和玛索尼特国际公司（METHONITE INT CORP）、国际纸业商标公司（INT

PAPER TRADEMARK CO)以及 PINTU ACQUISITION 公司(PINTU ACQUISITION CO INC)共同申请了专利 31 件。此外，德国的 HOLZBAU SCHMID GMBH & CO KG 和德国的 PRO-MAT GMBH 之间共同申请了专利 18 件。

6.2　主要企业申请人年度分析

对木质门相关技术专利文献总量排名前 28 的 31 位的主要企业申请人按照专利公开年份进行分析(表 6-2)。数据分析表明，排名第 21 位的乔治亚太平洋公司(GEORGIA PA-CIFIC CORP)早在 20 世纪 80 年代就开始申请木质门相关技术专利，90 年代申请专利的公司有瑞典的 SWEDOOR AB 公司和 SVENSK DOERRTEKNIK AB 公司，其他 27 位专利申请人的申请时间相对较晚，中国的企业专利权人专利公开主要集中在 2008—2017 年期间。

排名第 1 位的是美国的美森耐公司(MASONITE CORP)，该公司专利公开主要集中在 2003—2012 年间，2003—2007 年期间专利公开量为 111 件，2008—2012 年期间专利公开量为 114 件，2013—2017 年专利公开量为 70 件。排名第 2 位的企业是中国的浙江瑞明节能科技股份有限公司(ZHEJIANG RUIMING ENERGY SAVING DOORS & W)，2008—2012 年期间专利公开量为 23 件，2013—2017 期间专利公开量为 87 件。排名第 3 位的企业是美国的 MDF 公司(MDF INC)，1998—2002 年期间专利公开量为 23 件，2003—2007 年期间专利公开量为 24 件，2008—2012 年期间专利公开量为 18 件，2013—2017 年期间专利公开量为 12 件。排名第 4 位的企业是中国的江山显进机电科技服务有限公司(JIANGSHAN XIANJIN MECHANICAL & ELECTRICAL TECHNOLOGY SERVICE)，江山显进机电科技服务有限公司专利公开全部集中在了 2013—2017 年，2013—2017 年期间专利公开量为 58 件。排名第 5 位的企业是黑龙江华信家具有限公司(HEILONGJIANG HUAXIN FURNITURE CO LTD)，2008—2012 年期间专利公开量为 5 件，2013—2017 年期间专利公开量为 47 件。排名第 6 的企业是哈尔滨森鹰窗业股份有限公司(HARBIN SAYYAS WINDOWS CO LTD)，2008—2012 年期间专利公开量为 18 件，2013—2017 年期间专利公开量为 33 件。排名第 7 的企业是南亚塑胶工业股份有限公司(NAN YA PLASTICS CORP)，1998—2002 年期间专利公开量为 8 件，2003—2007 年期间专利公开量为 14 件，2008—2012 年期间专利公开量为 12 件，2013—2017 年期间专利公开量为 15 件。排名第 8 的企业是瑞典的 SWEDOOR AB 公司，1988—1992 年专利公开量为 22 件，1993—1997 年期间专利公开量为 13 件，1998—2002 年专利公开量为 5 件。排名第 9 的企业是日本的松下电工株式会社(MAT-SUSHITA ELECTRIC WORKS LTD)和美国的美森耐进户门公司(MESENNY ENTRANCE DOOR CO LTD)。松下电工株式会社(MATSUSHITA ELECTRIC WORKS LTD)，1988—1992 年专利公开量为 14 件，1993—1997 年期间专利公开量为 15 件，1998—2002 年期间专利公开量为 6 件，2003—2007 年期间专利公开量为 4 件，2008—2012 年期间专利公开量为 6 件，2013—2017 年期间专利公开量为 1 件。美森耐进户门公司(MESENNY ENTRANCE DOOR CO LTD)，1998—2002 年期间专利公开量为 9 件，2003—2007 年期间专利公开量为 14 件，2008—2012 年期间专利公开量为 12 件，2013—2017 年期间专利公开量为 11 件。

表 6-2　全球木质门相关技术专利的主要申请人年度分析

排名	申请人	专利量	公开年							
			1978—1982	1983—1987	1988—1992	1993—1997	1998—2002	2003—2007	2008—2012	2013—2017
1	MASONITE CORP	337				4	38	111	114	70
2	ZHEJIANG RUIMING ENERGY SAVING DOORS & W	110							23	87
3	MDF INC	77					23	24	18	12
4	JIANGSHAN XIANJIN MECHANICAL & ELECTRICAL TECHNOLOGY SERVICE	58								58
5	HEILONGJIANG HUAXIN FURNITURE CO LTD	52							5	47
6	HARBIN SAYYAS WINDOWS CO LTD	51							18	33
7	NAN YA PLASTICS CORP	49					8	14	12	15
8	SWEDOOR AB	47		7	22	13	5			
9	MATSUSHITA ELECTRIC WORKS LTD	46			14	15	6	4	6	1
9	MESENNY ENTRANCE DOOR CO LTD	46					9	14	12	11
11	HOLZBAU SCHMID GMBH & CO KG	42				2	7	11	14	8
12	HEBEI ORIENT SHUNDA WINDOWS CO LTD	39							16	23
13	ZHEJIANG JINQI DOORS CO LTD	37							2	35
14	ANDERSEN CORP	36				10	12	13	1	
15	INT PAPER TRADEMARK CO	34					10	13	6	5
15	METHONITE INT CORP	34					10	13	6	5
15	PINTU ACQUISITION CO INC	34					10	13	6	5
15	PREMADOR INC	34					10	13	6	5
19	ANHUI ANWANG DOORS CO LTD	33								33
20	PROMAT GMBH	29				6	7	6	6	4
21	GEORGIA PACIFIC CORP	28	1		6	14	7			
21	PREMDOR INC	28					11	10	6	1
23	MARLEY MOULDINGS INC	27				6	20		1	
23	SCHOERGHUBER SPEZIALTUEREN GMBH & CO BET	27				3	10	10	3	1
23	UNILUX AG	27					6	9	9	3
23	ZHEJIANG JIANGSHAN RUNAN DOOR IND CO LTD	27							12	15
27	GUANGDONG SHENGBAOLUO DOOR IND COLTD	25								25
28	ALBANY INT CORP	24							13	11

（续）

排名	申请人	专利量	公开年							
			1978—1982	1983—1987	1988—1992	1993—1997	1998—2002	2003—2007	2008—2012	2013—2017
28	ASSA ABLOY ENTRANCE SYSTEMS AB	24							13	11
28	LG CHEM LTD	24						1	18	5
28	SVENSK DOERRTEKNIK AB	24		19	5					

6.3 主要企业申请人技术分类分析

按照全球木质门相关技术专利的主要企业申请人专利结构分类（表6-3）来看，国外申请人的木质门相关专利主要结构分类为未涉及窗保护的木质门专利，主要的31位企业申请人中，自身结构分类为未涉及窗保护的木质门专利多于其他3类结构的企业申请人有26位。中国的浙江瑞明节能科技股份有限公司（ZHEJIANG RUIMING ENERGY SAVING DOORS & W）、哈尔滨森鹰窗业股份有限公司（HARBIN SAYYAS WINDOWS CO LTD）和河北奥润顺达窗业有限公司（HEBEI ORIENT SHUNDA WINDOWS CO LTD）三位木质门相关专利企业申请人的专利中，木质门（涉窗）的专利数量要远高于未涉窗的木质门专利。

在木质门框相关技术领域，未涉及窗的木质门框专利数量最多的企业申请人是瑞典的SWEDOOR AB公司，11件；美国的马利铸模公司（MARLEY MOULDINGS INC），11件；广东圣堡罗门业有限公司（GUANGDONG SHENGBAOLUO DOOR IND CO LTD），10件；美国的乔治亚太平洋公司（GEORGIA PACIFIC CORP），9件。

按照主要企业申请人专利的结构分类（表6-4）来看，主要企业申请人的木质门相关专利主要涉及隔热耐热和防火两种功能分类。主要的31位企业申请人中，自身隔热耐热功能的专利多于其他3类功能的企业申请人有14位；自身防火功能的专利多于其他3类功能的企业申请人有22位。

表6-3 全球木质门相关技术专利的主要企业申请人结构分类

排名	申请人	专利量	结构分类			
			木质门	木质门（涉窗）	木质门框	木质门框（涉窗）
1	MASONITE CORP	337	333		4	
2	ZHEJIANG RUIMING ENERGY SAVING DOORS & W	110	14	87	1	8
3	MDF INC	77	77			
4	JIANGSHAN XIANJIN MECHANICAL & ELECTRICAL TECHNOLOGY SERVICE	58	58			
5	HEILONGJIANG HUAXIN FURNITURE CO LTD	52	51		1	
6	HARBIN SAYYAS WINDOWS CO LTD	51	8	42	1	
7	NAN YA PLASTICS CORP	49	49			

（续）

排名	申请人	专利量	结构分类			
			木质门	木质门（涉窗）	木质门框	木质门框（涉窗）
8	SWEDOOR AB	47	36		11	
9	MATSUSHITA ELECTRIC WORKS LTD	46	41	1	2	2
9	MESENNY ENTRANCE DOOR CO LTD	46	46			
11	HOLZBAU SCHMID GMBH & CO KG	42	30	1	3	8
12	HEBEI ORIENT SHUNDA WINDOWS CO LTD	39	8	29		2
13	ZHEJIANG JINQI DOORS CO LTD	37	37			
14	ANDERSEN CORP	36	20	4	7	5
15	INT PAPER TRADEMARK CO	34	34			
15	METHONITE INT CORP	34	34			
15	PINTU ACQUISITION CO INC	34	34			
15	PREMADOR INC	34	34			
19	ANHUI ANWANG DOORS CO LTD	33	32	1		
20	PROMAT GMBH	29	21	1		7
21	GEORGIA PACIFIC CORP	28	18		9	1
21	PREMDOR INC	28	28			
23	MARLEY MOULDINGS INC	27	2		11	14
23	SCHOERGHUBER SPEZIALTUEREN GMBH & CO BET	27	21		6	
23	UNILUX AG	27		6	5	16
23	ZHEJIANG JIANGSHAN RUNAN DOOR IND CO LTD	27	26		1	
27	GUANGDONG SHENGBAOLUO DOOR IND CO LTD	25	9	6	10	
28	ALBANY INT CORP	24	24			
28	ASSA ABLOY ENTRANCE SYSTEMS AB	24	24			
28	LG CHEM LTD	24	19		5	
28	SVENSK DOERRTEKNIK AB	24	24			

表 6-4　全球木质门相关技术专利的主要企业申请人功能分类

排名	申请人	专利量	功能分类			
			隔热耐热	防火	隔音	防盗
1	MASONITE CORP	337	184	6	37	
2	ZHEJIANG RUIMING ENERGY SAVING DOORS & W	110	32	9	13	4
3	MDF INC	77	76			
4	JIANGSHAN XIANJIN MECHANICAL & ELECTRICAL TECHNOLOGY SERVICE	58			5	
5	HEILONGJIANG HUAXIN FURNITURE CO LTD	52	7	16	11	5

（续）

排名	申请人	专利量	功能分类			
			隔热耐热	防火	隔音	防盗
6	HARBIN SAYYAS WINDOWS CO LTD	51	30		1	1
7	NAN YA PLASTICS CORP	49	1	29	1	
8	SWEDOOR AB	47	17		11	
9	MATSUSHITA ELECTRIC WORKS LTD	46	7	16	1	
9	MESENNY ENTRANCE DOOR CO LTD	46	46			
11	HOLZBAU SCHMID GMBH & CO KG	42	13	34		2
12	HEBEI ORIENT SHUNDA WINDOWS CO LTD	39	16		15	1
13	ZHEJIANG JINQI DOORS CO LTD	37	8	12	8	1
14	ANDERSEN CORP	36	27		11	
15	INT PAPER TRADEMARK CO	34	34			
15	METHONITE INT CORP	34	34			
15	PINTU ACQUISITION CO INC	34	34			
15	PREMADOR INC	34	34			
19	ANHUI ANWANG DOORS CO LTD	33	33	33		
20	PROMAT GMBH	29	20	23		
21	GEORGIA PACIFIC CORP	28	1	28		
21	PREMDOR INC	28	28			
23	MARLEY MOULDINGS INC	27				
23	SCHOERGHUBER SPEZIALTUEREN GMBH & CO BET	27	9	23	10	1
23	UNILUX AG	27	12			
23	ZHEJIANG JIANGSHAN RUNAN DOOR IND CO LTD	27	5	1	3	1
27	GUANGDONG SHENGBAOLUO DOOR IND CO LTD	25				1
28	ALBANY INT CORP	24			2	
28	ASSA ABLOY ENTRANCE SYSTEMS AB	24			2	
28	LG CHEM LTD	24	3	18	2	
28	SVENSK DOERRTEKNIK AB	24	11	11	1	11

6.4　本章小结

　　全球木质门相关技术分布较广，排名靠前的申请人主要来自美国、中国和德国。美国、德国和瑞典等申请人的专利公开时间较早，且企业申请人之间存在专利技术合作，中国的专利申请人其专利公开量主要集中在 2008—2017 年。中国的木质门相关技术专利量近年增长迅速，主要企业申请人为浙江瑞明节能科技股份有限公司、江山显进机电科技服务有限公司、黑龙江华信家具有限公司和哈尔滨森鹰窗业股份有限公司，但是中国的企业专利申请人在海外专利布局方面与国外申请人还存在较大的差距。

国外申请人的木质门相关专利主要结构分类为未涉及窗保护的木质门专利。中国的浙江瑞明节能科技股份有限公司、哈尔滨森鹰窗业股份有限公司和河北奥润顺达窗业有限公司三位木质门相关专利企业申请人的专利中，木质门(涉窗)的专利数量要远高于未涉窗的木质门专利。国内外主要企业申请人的木质门相关专利主要集中在隔热耐热和防火两种功能分类。

第七章　国外重点企业专利分析

全球木质门相关技术专利的主要申请人分析已经表明，美国的美森耐公司（MASON-ITE CORP）和 MDF 公司是国外木质门相关技术专利文献量最多的，而 MDF 公司属于美森耐公司的子公司。因此，本章将对美森耐公司做重点分析，并将美森耐公司与其下属公司专利进行了合并。

7.1　美森耐公司

美森耐公司创始于 1925 年，创始人威廉·美森在美国的密西西比州创立了世界上第一家纤维板制造工厂——美森耐公司，经过多年发展使美森耐公司成为世界一流的高品质复合木材制造厂商之一，美森耐公司的产品有模压和建筑两大系列，如美森耐牌模压门面板和各种用途的高、低密度纤维板；美森耐公司在北美洲、南美洲、欧洲、亚洲和非洲拥有七个大型的生产基地。美森耐公司在美国拥有世界上最大的复合木材研究中心，致力于复合木材的研究、开发和技术服务。研究人员不断地开发新产品、新方法和新技术来改进生产工艺，以及提高现有产品的价值。强大的科研力量让美森耐公司在行业内一直保持着领先地位，并使其产品具有持久的生命力。美森耐牌高密度模压门面板是一种用于制造室内房门的具有各种凹凸图案的高密度纤维板，它是采用木材纤维通过高温高压一次模压成形。美森耐公司生产的高密度模压门面板引导了室内房门业的一场变革。公司从 1975 年便开始为全世界各地的房门制造商提供门面板。美森耐公司自己也经营室内门和室外门两个领域。室内门主要包括实木门和模压门，室外门主要包括实木门、玻璃纤维门、钢门和玻璃门。

7.1.1　发展趋势分析

美森耐公司公开的专利文献量 337 件，按照德温特专利同族合并后共 51 个专利族，平均每个专利族拥有 6.6 件专利。

从美森耐公司木质门相关技术专利的公开年度分布来看（图 7-1），1995 年该公司开始申请木质门相关技术专利，1999 年前专利公开量很少，2000—2005 年是美森耐公司木质门专利文献公开的增长期，2005 年专利申请量最高，达到 39 件，2012 年后出现下降趋势，2012 年公开 26 件，2017 年公开 7 件。

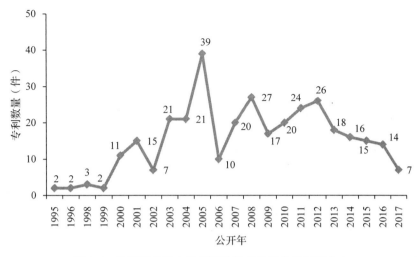

图 7-1　美森耐公司木质门相关技术专利公开年度分布

7.1.2　专利布局分析

美森耐公司(MASONITE CORP)十分注重专利的国际布局。美森耐公司的 337 件专利中 137 件是在美国申请，200 件是在其他 21 个国家(地区、组织)申请，21 个国家(地区、组织)中，美森耐公司专利布局超过 10 件的国家(地区、组织)是欧洲专利局(27 件)、世界知识产权组织(24 件)、中国(19 件)、墨西哥(17 件)、加拿大(16 件)、印度(15 件)、澳大利亚(11 件)、韩国(10 件)(图 7-2)。

总体来看，中国是该公司当前比较重视的市场之一，在中国进行了专利布局，值得国内相关企业关注，避免侵权风险。

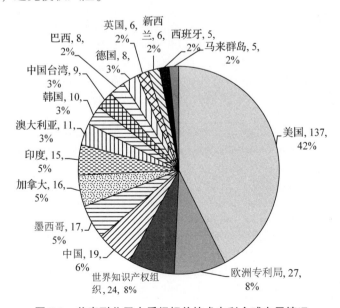

图 7-2　美森耐公司木质门相关技术专利全球布局情况

7.1.3　重点专利分析

（1）高被引证专利

一件专利被后来的专利引用的次数越多，说明该专利对后来的技术发展影响越大，处于核心位置，比较重要。美森耐公司木质门相关技术专利共337件，累计被引证1776次，其中被引证次数在10次及10次以上的专利共60件，这些专利是该公司的重点专利。

按照Derwent innovation的检索结果和法律状态分析，美森耐公司被引证最多的4件专利目前法律状态都为无效。公开号为"US20040139673A1"的专利的被引证次数为60次，同族专利13件，在澳大利亚、墨西哥、中国、欧洲专利局和马来群岛进行了专利布局。该专利在美国的法律状态为有效，在墨西哥同族专利法律状态为有效。该专利在中国的同族专利为公开号为"CN1750941A""CN100572102C"，专利名称为"门板表层，蚀刻板以形成门板表层内的木质纹理图案的方法以及该方法形成的蚀刻板"，这两条专利都已于2014年3月因未缴年费专利权终止。

公开号为"US6588162B2"的专利，专利的被引证次数为49次，同族专利36件在澳大利亚、巴西、加拿大、德国、西班牙、墨西哥、新西兰、韩国、中国、欧洲专利局和马来群岛等地区进行了专利布局。该专利在美国、印度、巴西、欧洲专利局、加拿大、马来群岛、西班牙和新西兰的法律状态为有效。该专利在中国的同族专利公开号为"CN1437525A"，专利名称为"反向模制板"，涉及制造护壁镶板同时也可作门面板或门的饰面的反向模制（模制时，型面向上）木材复合制品，还涉及制造这样一种反向模制木材复合制品的方法，这种制品具有从其平整的基部向上模制成的倾斜向上的型面。该专利于2016年3月因未缴年费专利权终止（表7-1）。

表 7-1　美森耐公司木质门相关技术重点专利（按被引证次数）

序号	公开号	标题	公开日期	被引专利计数	同族专利计数
1	US5543234A	Molded wood composites having non-blistering profile with uniform-paintability and nesting	1996-08-06	117	8
2	US6312540B1	Method of manufacturing a molded door skin from a flat wood composite, door skin produced therefrom, and door manufactured therewith	2001-11-06	80	46
3	US6073419A	Method of manufacturing a molded door skin from a wood composite, door skin produced therefrom, and door manufactured therewith	2000-06-13	72	29
4	EP688639A2	Composites debois moulés et emboîtables ayant un profilé non-poreux avec une aptitude à recevoir une peinture uniforme; Geformte, stapelbare holz-komposite mit einem blasenfreien profil mit einheitlicher lackierfähigkeit; Molded wood composites having non-blistering profile with uniform paintability and nesting	1995-12-27	61	8
5	US20040139673A1	Door skin, a method of etching a plate for forming a wood grain pattern in the door skin, and an etched plate formed therefrom	2004-07-22	60	13
6	US6588162B2	Reverse molded panel	2003-07-08	49	36

（续）

序号	公开号	标题	公开日期	被引专利计数	同族专利计数
7	US6079183A	Method of manufacturing a molded door skin from a wood composite, door skin produced therefrom, and door manufactured therewith	2000-06-27	45	29
8	US20010029714A1	Reverse molded panel	2001-10-18	40	36
9	US7284352B2	Door skin, method of manufacturing a door produced therewith, and door produced therefrom	2007-10-23	35	2
10	US7367166B2	Door skin, a method of etching a plate, and an etched plate formed therefrom	2008-05-06	33	21
11	US20050217206A1	Door, deep draw molded door facing, and methods of forming door and facing	2005-10-06	33	16
12	WO1998048992A1	Procede et dispositif permettant de mouler un panneau de fibres de bois; Method and device for the mouldingof wood fibre board	1998-11-05	33	38
13	US7021015B2	Reverse molded plant-on panel component, method of manufacture, and method of decorating a door therewith	2006-04-04	31	5
14	US20040074186A1	Reverse molded panel, method of manufacture, and door manufactured therefrom	2004-04-22	29	2
15	US7823353B2	Door, method of making door, and stack of doors	2010-11-02	28	5
16	US7337544B2	Method of forming a composite door structure	2008-03-04	28	2
17	US20040035085A1	Double skin door apparatus	2004-02-26	28	25
18	US6988342B2	Door skin, a method of etching a plate for forming a wood grain pattern in the door skin, and an etched plate formed therefrom	2006-01-24	27	13
19	US6868644B2	Method and device for the molding of wood fiber board	2005-03-22	27	38
20	US7964051B2	Door skin, method of manufacturing a door produced therewith, and door produced therefrom	2011-06-21	25	2
21	US20080041014A1	Door skin, method of manufacturing a door produced therewith, and door produced therefrom	2008-02-21	25	2
22	US7426806B2	Reverse molded panel, method of manufacture, and door manufactured therefrom	2008-09-23	24	2
23	US7314534B2	Method of making multi-ply door core, multi-ply door core, and door manufactured therewith	2008-01-01	24	2
24	US6689301B1	Method of manufacturing a molded door skin from a wood composite, door skin produced therefrom, and door manufactured therewith	2004-02-10	23	29
25	US7856779B2	Method of manufacturing a molded door skin from a flat wood composite, door skin produced therefrom, and door manufactured therewith	2010-12-28	22	46
26	US7338612B2	Door skin, a method of etching a plate for forming a wood grain pattern in the door skin, and an etched plate formed therefrom	2008-03-04	21	2
27	US7897246B2	Nestable molded articles, and related assemblies and methods	2011-03-01	20	2

（续）

序号	公开号	标题	公开日期	被引专利计数	同族专利计数
28	US20060117691A1	Door skin, a method of etching a plate for forming a wood grain pattern in the door skin, and an etched plate formed therefrom	2006-06-08	20	2
29	US7959817B2	Door skin, a method of etching a plate, and an etched plate formed therefrom	2011-06-14	19	21
30	GB2324061A	Pressing amoulded door skin from a wood composite blank	1998-10-14	19	29
31	US8246339B2	Door skin, a method of etching a plate, and an etched plate formed therefrom	2012-08-21	18	21
32	US20080274331A1	Nestable molded articles, and related assemblies and methods	2008-11-06	18	2
33	US20160010386A1	Door with frameless glazed unit, and related kit and methods	2016-01-14	17	6
34	US7820268B2	Door skin, a method of etching a plate for forming a wood grain pattern in the door skin, and an etched plate formed therefrom	2010-10-26	17	2
35	US20070204546A1	Door with glass insert and method for assembling the same	2007-09-06	17	10
36	US20040206029A1	Door skin, a method of etching a plate, and an etched plate formed therefrom	2004-10-21	17	21
37	US20050115198A1	Door skin, method of manufacturing a door produced therewith, and door produced therefrom	2005-06-02	16	2
38	US6500372B1	Method for themoulding of wood fiber board	2002-12-31	16	38
39	US20060185281A1	Reverse molded plant-on panel component, method of manufacture, and method of decorating a door therewith	2006-08-24	15	2
40	US20020046805A1	Method of manufacturing a molded door skin from a flat wood composite, door skin produced therefrom, and door manufactured therewith	2002-04-25	15	46
41	US20080213616A1	Door skin, a method of etching a plate, and an etched plate formed therefrom	2008-09-04	14	21
42	US20070113520A1	Door, method of making door, and stack of doors	2007-05-24	14	5
43	WO2001081055A1	Panneau moule sur son envers; Reverse molded panel	2001-11-01	14	36
44	US7765768B2	Door, deep draw molded door facing, and methods of forming door and facing	2010-08-03	13	16
45	US7730686B2	Reverse molded panel	2010-06-08	13	2
46	US20050016121A1	Method of making multi-ply door core, multi-ply door core, and door manufactured therewith	2005-01-27	13	2
47	US8993094B2	Door skin, a method of etching a plate for forming a wood grain pattern in the door skin, and an etched plate formed therefrom	2015-03-31	12	2
48	US8950139B2	Door skin, a method of etching a plate, and an etched plate formed therefrom	2015-02-10	12	21
49	US8697226B2	Door skin, a method of etching a plate for forming a wood grain pattern in the door skin, and an etched plate formed therefrom	2014-04-15	12	2
50	US7721501B2	Door with glass insert and method for assembling the same	2010-05-25	12	10
51	US20090165405A1	Composite capped stile, door and method	2009-07-02	12	4

（续）

序号	公开号	标题	公开日期	被引专利计数	同族专利计数
52	US20040003560A1	Reverse molded plant-on panel component, method of manufacture, and method of decorating a door therewith	2004-01-08	12	5
53	US20030196396A1	Reverse molded panel	2003-10-23	12	2
54	US20030066257A1	Method for manufacturing a door and door manufactured therefrom	2003-04-10	12	5
55	GB2340060A	Shaping flat blanks for forming a door	2000-02-16	12	46
56	US9464475B2	Method of manufacturing a molded door skin from a flatwood composite, door skin produced therefrom, and door manufactured therewith	2016-10-11	11	46
57	WO2004067291A2	Parement de porte, procede de gravure d'une plaque, et plaque gravee ainsi formee; A door skin, a method of etching a plate, and an etched plate formed therefrom	2004-08-12	11	21
58	US8535471B2	Door skin, a method of etching a plate, and an etched plate formed therefrom	2013-09-17	10	21
59	US20110099933A1	Method of making multi-ply door core, multi-ply door core, and door manufactured therewith	2011-05-05	10	2
60	US20040231265A1	Method of forming a molded plywood door skin, molded plywood door skin, and door manufactured therewith	2004-11-25	10	5

（2）重要专利族

一件基本专利在全球布局的数量越多，说明该专利的市场价值越大，处于核心位置，比较重要。美森耐公司木质门相关技术专利共51个专利族，其中同族成员数量在10件及10件以上的基本专利共9件，这些都是该公司的重要专利（表7-2）。美森耐公司同族数排名第1（46个）的专利公开号为"US20170021532A1"，该专利涉及将平坦木制复合材料制成模制门面板的方法及由此制得的门面板和门，在30个国家和地区进行专利布局，但是该专利目前的法律状态为失效，在其同族专利中，仅在墨西哥申请的专利"MX2001000690A""MX223596B"为有效状态。该专利在中国的同族专利"CN1328496A"于2013年9月因未缴年费专利权终止。美森耐公司同族数排名第2（38个）的专利公开号为"US9610707B2"，该专利涉及一种利用的MDF（中密度纤维板）制造门板的方法和装置。该专利及其同族专利目前的法律状态为失效，该专利在中国的同族专利"CN1491785A"于2016年6月因未缴年费专利权终止。

表7-2　美森耐公司木质门相关技术专利（按同族成员数）

序号	标题	优先权号	申请日	公开日	同族数（个）
1	Method of manufacturing a molded door skin from a flat wood composite, door skin produced therefrom, and door manufactured therewith	GB199816534A；US1999229897A；US2001985673A；US2010977623A；US13527011A；US13796788A；US13943293A；US14487818A；US14829466A	2016-10-07	2017-01-26	46

（续）

序号	标题	优先权号	申请日	公开日	同族数（个）
2	Method and device for the molding of wood fiber board	WO1997NL228A；NL1006615A；WO1998NL233A；US1999402603A；US2002198179A；US200545368A；US2009637492A；US13302584A；US14043513A	2015-11-24	2017-04-04	38
3	Reverse molded panel	US2000198709P；US2000742840A	2001-01-15	2015-08-28	36
4	A door skin	GB19977318A	2005-12-05	2016-10-21	29
5	Revestimento de porta de composto de madeira moldada e porta；Door coating composed of molded wood and port	US2002223744A；WO2003US26175A	2003-08-20	2012-11-27	25
6	Door skin, a method of etching a plate, and an etched plate formed therefrom	US2003440647P；US2004753862A；US200854587A；US13071986A；US13590647A；US14029338A	2016-08-16	2016-12-08	21
7	Door, deep draw molded door facing and methods of forming door and facing	US2004536845P；US2004536846P；US200535023A；US2010792813A；US13438342A；US13627239A	2013-10-15	2016-03-29	16
8	Molded door skin for, e. g. furniture doors and cabinet doors, includes exterior surface having outer portions on plane, spaced grooves recessed from the plane, and half-tone portions having spaced protrusions defined by channels	US2003346187A；US2003346187A	2005-07-18	2012-10-19	13
9	Porte avec piece d'insertion en verre et son procede d'assemblage；Door with glass insert and method for assembling the same	US2006778974P；WO2007US5685A	2007-03-06	2014-07-15	10

（3）专利展示

通过美森耐公司申请的木质门相关技术专利可以了解该公司的最近技术发展动态和最新布局态势，美森耐公司 2011—2017 年公开的木质门相关技术专利共 120 件，列于表 7-3。

表 7-3　美森耐公司木质门相关技术最新公开专利

序号	公开号	标题	公开日期	被引专利计数	同族专利计数
1	US20170152703A1	Shaker doors with solid core and methods for making thereof	2017-06-01	0	7
2	US9657512B2	Reverse molded plant-on panel component, method of manufacture, and method of decorating a door therewith	2017-05-23	1	2
3	GB2543433A	Door with frameless glazed unit, and related kit and methods	2017-04-19	0	6
4	US9610707B2	Method and device for the molding of wood fiber board	2017-04-04	0	38

（续）

序号	公开号	标题	公开日期	被引专利计数	同族专利计数
5	IN201617035217A	Double backbone core for automated door assembly line door comprising same and method of using same	2017-02-24	0	7
6	US20170021532A1	Method of manufacturing a molded door skin from a flat wood composite, door skin produced therefrom, and door manufactured therewith	2017-01-26	0	46
7	EP3119956A1	Doppelstrangkern für eine automatisierte türmontagelinie, tür damit und verfahren zur verwendung davon；Âme à double ossature pour chaîne de montage automatisée de portes, porte la comprenant et son procédé d'utilisation；Double backbone core for automated door assembly line, door comprising same and method of using same	2017-01-25	0	7
8	US20160356075A1	Door skin, a method of etching a plate, and an etched plate formed therefrom	2016-12-08	0	21
9	IN276372B	A door skin	2016-10-21	0	29
10	US9464475B2	Method of manufacturing a molded door skin from a flat wood composite, door skin produced therefrom, and door manufactured therewith	2016-10-11	11	46
11	US9458660B2	Door with frameless glazed unit, and related kit and methods	2016-10-04	7	6
12	US20160265266A1	Reverse molded plant-on panel component, method of manufacture, and method of decorating a door therewith	2016-09-15	0	2
13	US9416585B2	Door skin, a method of etching a plate, and an etched plate formed therefrom	2016-08-16	6	21
14	US20160158961A1	Method and device for the molding of wood fiber board	2016-06-09	0	38
15	CA2620310C	Tourniquet a extremites protegees par un materiau composite, porte et methode；Composite capped stile, door and method	2016-03-29	0	2
16	US9296123B2	Door, deep draw molded door facing and methods of forming door and facing	2016-03-29	1	16
17	US9284772B2	Reverse molded plant-on panel component, method of manufacture, and method of decorating a door therewith	2016-03-15	2	2
18	US20160040475A1	Method of manufacturing a molded door skin from a flat wood composite, door skin producedtherefrom, and door manufactured therewith	2016-02-11	0	46
19	US20160010386A1	Door with frameless glazed unit, and related kit and methods	2016-01-14	17	6
20	WO2016007828A1	Porte comprenant une unité vitrée sans cadre, et kit et procédés associés；Door with frameless glazed unit, and related kit and methods	2016-01-14	0	6
21	CA2949268A1	Porte comprenant une unite vitree sans cadre, et kit et procedes associes；Door with frameless glazed unit, and related kit and methods	2016-01-14	0	6

（续）

序号	公开号	标题	公开日期	被引专利计数	同族专利计数
22	MX335292B	Larguero compuesto protegido，puerta y metodo；Rail protected compound，door and method	2015-12-02	0	4
23	US9193092B2	Method and device for the molding of wood fiber board	2015-11-24	0	38
24	US9157268B2	Composite capped stile，door and method	2015-10-13	0	4
25	MX2015003663A	Textura de superficie para articulos moldeados；Surface texture for molded articles	2015-09-25	0	5
26	US20150267461A1	Double backbone core for automated door assembly line，door comprising same and method of using same	2015-09-24	3	7
27	WO2015143269A1	Âme à double ossature pour chaîne de montage automatisée de portes，porte la comprenant et son procédé d'utilisation；Double backbone core for automated door assembly line，door comprising same and method of using same	2015-09-24	0	7
28	CA2945639A1	Ame a double ossature pour chaine de montage automatisée de portes，porte la comprenant et son procede d'utilisation；Double backbone core for automated door assembly line，door comprising same and method of using same	2015-09-24	0	7
29	MY155042A	Reverse molded panel	2015-08-28	0	36
30	US9109393B2	Method of manufacturing a molded door skin from a flat wood composite，door skin produced therefrom，and door manufactured therewith	2015-08-18	1	46
31	US20150204133A1	Door skin，a method of etching a plate for forming a wood grain pattern in the door skin，and an etched plate formed therefrom	2015-07-23	3	2
32	IN267109B	Reverse molded door skin	2015-07-03	0	36
33	GB2520658A	Surface texture for molded articles	2015-05-27	0	5
34	US8993094B2	Door skin，a method of etching a plate for forming a wood grain pattern in the door skin，and an etched plate formed therefrom	2015-03-31	12	2
35	US20150075096A1	Method of manufacturing a molded door skin from a flat wood composite，door skin produced therefrom，and door manufactured therewith	2015-03-19	0	46
36	US8950139B2	Door skin，a method of etching a plate，and an etched plate formed therefrom	2015-02-10	12	21
37	US8833022B2	Method of manufacturing a molded door skin from a flat wood composite，door skin produced therefrom，and door manufactured therewith	2014-09-16	3	46
38	US8820017B2	Reverse molded panel	2014-09-02	6	2
39	US20140230356A1	Door skin，a method of etching a plate，and an etched plate formed therefrom	2014-08-21	2	21

（续）

序号	公开号	标题	公开日期	被引专利计数	同族专利计数
40	US20140220303A1	Door skin, a method of etching a plate for forming a wood grain pattern in the door skin, and an etched plate formed therefrom	2014-08-07	1	2
41	US8789330B2	Door with glass insert and method for assembling the same	2014-07-29	1	2
42	CA2645043C	Porte avec piece d'insertion en verre et son procede d'assemblage; door with glass insert and method for assembling the same	2014-07-15	0	10
43	US20140193613A1	Door skin, a method of etching a plate, and an etched plate formed therefrom	2014-07-10	0	21
44	US8697226B2	Door skin, a method of etching a plate for forming a wood grain pattern in the door skin, and an etched plate formed therefrom	2014-04-15	12	2
45	US20140083049A1	Surface texture for molded articles	2014-03-27	3	5
46	WO2014047559A1	Texture de surface pour objets moulés; Surface texture for molded articles	2014-03-27	0	5
47	CA2884741A1	Texture de surface pour objets moules; Surface texture for molded articles	2014-03-27	0	5
48	US8650822B2	Method of manufacturing a molded door skin from a flat wood composite, door skin produced therefrom, and door manufactured therewith	2014-02-18	8	46
49	US20140034224A1	Door, deep draw molded door facing and methods of forming door and facing	2014-02-06	1	16
50	US20140027018A1	Method and device for the molding of wood fiber board	2014-01-30	0	38
51	US20140026506A1	Reverse molded plant-on panel component, method of manufacture, and method of decorating a door therewith	2014-01-30	0	2
52	US20140023836A1	Door, method of making door, and stack of doors	2014-01-23	7	2
53	US8590273B2	Method of making multi-ply door core, multi-ply door core, and door manufactured therewith	2013-11-26	1	2
54	US20130305645A1	Method of manufacturing a molded door skin from a flat wood composite, door skin produced therefrom, and door manufactured therewith	2013-11-21	0	46
55	US20130288008A1	Reverse molded panel	2013-10-31	3	2
56	US8557166B2	Door, deep draw molded door facing and methods of forming door and facing	2013-10-15	6	16
57	US8545210B2	Method and device for the molding of wood fiber board	2013-10-01	0	38
58	US8545968B2	Reverse molded plant-on panel component, method of manufacture, and method of decorating a door therewith	2013-10-01	6	36
59	US8539729B2	Door, method of making door, and stack of doors	2013-09-24	9	2
60	US8535471B2	Door skin, a method of etching a plate, and an etched plate formed therefrom	2013-09-17	10	21

（续）

序号	公开号	标题	公开日期	被引专利计数	同族专利计数
61	CN1437525B	木材复合制品和制造反向模制的木材复合制品的方法；Wood composite product and manufacturing reverse molded wood composite product	2013-09-04	0	36
62	HK1090601A1	Hollow core door, and method of manufacturing a molded door skin	2013-08-30	0	46
63	TWI402412B	Door with glass insert and method for assembling the same	2013-07-21	0	10
64	US20130180205A1	Method of manufacturing a molded door skin from a flat wood composite, door skin produced therefrom, and door manufactured therewith	2013-07-18	0	46
65	MY149071A	Door, deep draw molded door facing, and methods of forming door and facing	2013-07-15	0	16
66	US8468763B2	Reverse molded panel	2013-06-25	0	2
67	US20130084432A1	Method of making multi-ply door core, multi-ply door core, and door manufactured therewith	2013-04-04	0	2
68	US8394219B2	Method of manufacturing a molded door skin from a flat wood composite, door skin produced therefrom, and door manufactured therewith	2013-03-12	4	46
69	US20130014886A1	Door, deep draw molded door facing and methods of forming door and facing	2013-01-17	0	16
70	EP2280128A3	Panel undHerstellungsverfahren des Panels；Panneau et son procédé de fabrication；Panel and method of making the same	2013-01-09	0	8
71	US20120318446A1	Door skin, a method of etching a plate, and an etched plate formed therefrom	2012-12-20	0	21
72	CN1765599B	空心门、制造模制门面板的方法；Hollow core door, method of manufacturing a molded door skin and press	2012-11-28	0	46
73	BRPI0313649B1	Revestimento de porta de composto de madeira moldada e porta；Door coating composed of molded wood and port	2012-11-27	0	25
74	US8317959B2	Method of making multi-ply door core, multi-ply door core, and door manufactured therewith	2012-11-27	3	2
75	NZ595832A	A contoured panel with increasing density across its width, convex features having a high density surface	2012-10-26	0	8
76	MX304420B	Door skin, a method of etching a plate for forming a wood grain pattern in the door skin, and an etched plate formed therefrom	2012-10-19	0	13
77	US20120260604A1	Method of manufacturing a molded door skin from a flat wood composite, door skin produced therefrom, and door manufactured therewith	2012-10-18	0	46
78	US8287795B2	Door, deep draw molded door facing, and methods of forming door and facing	2012-10-16	2	16
79	CA2624827C	Panneau moule sur son envers；Reverse molded panel	2012-09-04	0	36
80	US8246339B2	Door skin, a method of etching a plate, and an etched plate formed therefrom	2012-08-21	18	21

（续）

序号	公开号	标题	公开日期	被引专利计数	同族专利计数
81	US20120186740A1	Door, deep draw molded door facing, and methods of forming door and facing	2012-07-26	0	16
82	CA2520654C	Ensemble panneau de porte a mettre en place a moulage inverse, son procede de production, et procede de decoration de porte a l'aide d'un tel ensemble panneau; Reverse molded plant-on panel component, method of manufacture, and method of decorating a door therewith	2012-07-10	0	5
83	CA2496276C	Dispositif de porte a double peau; Double skin door apparatus	2012-07-10	0	25
84	US8202380B2	Method of manufacturing a molded door skin from a flat wood composite, door skin produced therefrom, and door manufactured therewith	2012-06-19	7	46
85	BRPI0110212B1	Artigo compósito de madeira, método para fabricar um artigo compósito de madeira e kit de lambris; Composite article of wood, method for manufacturing a composite article of wood and kit of lambrias	2012-06-12	0	36
86	US20120131871A1	Molded door, door with lite insert, and related methods	2012-05-31	1	2
87	WO2012071512A1	Porte moulée, porte avec insert de baie vitrée et procédés y afférant; Molded door, door with lite insert, and related methods	2012-05-31	0	2
88	US20120125484A1	Method and device for the molding of wood fiber board	2012-05-24	0	38
89	US20120114924A1	Reverse molded panel	2012-05-10	0	2
90	US20120097320A1	Method of making multi-ply door core, multi-ply door core, and door manufactured therewith	2012-04-26	0	2
91	EP1308252B1	A method and device for themoulding of wood fibre board; Verfahren und vorrichtung zum formen von holzfaserplatten; Procédé et dispositif permettant de mouler un panneau de fibres de bois	2012-04-04	0	38
92	US8147947B2	Nestable molded articles, and related assemblies and methods	2012-04-03	7	2
93	US8146325B2	Door, deep draw molded door facing, and methods of forming door and facing	2012-04-03	0	16
94	US20120076993A1	Door, method of making door, and stack of doors	2012-03-29	0	2
95	US8096095B2	Reverse molded panel	2012-01-17	6	2
96	US8087212B2	Method of making multi-ply door core, multi-ply door core, and door manufactured therewith	2012-01-03	4	2
97	US20110296651A1	Door with glass insert and method for assembling the same	2011-12-08	0	2
98	US8069627B2	Door, method of making door, and stack of doors	2011-12-06	8	2
99	NZ586925A	A contoured panel with increasing density across its width, convex features having a high density surface	2011-11-25	0	8
100	US8062569B2	Method and device for the molding of wood fiber board	2011-11-22	0	38

（续）

序号	公开号	标题	公开日期	被引专利计数	同族专利计数
101	ES2368832T3	Aparato de puerta con doble revestimiento	2011-11-22	0	25
102	MX291702B	Door for use in e. g. commercial building, has lip portion with flexible sealant fins, where fins provide contact force against insert to prevent rattling of insert within door and core material is provided in cavity between skins	2011-11-04	0	10
103	US20110212210A1	Door skin, a method of etching a plate, and an etched plate formed therefrom	2011-09-01	0	21
104	EP1512507B1	A molded door skin and door with such a door skin; Formgepresstes türpanel, und damit hergestellte tür; Parement de porte moulé, et porte réalisée avec ce parement	2011-08-10	0	29
105	EP1540124B1	Double skin door apparatus	2011-07-27	0	25
106	US7964051B2	Door skin, method of manufacturing a door produced therewith, and door produced therefrom	2011-06-21	25	2
107	US7959817B2	Door skin, a method of etching a plate, and an etched plate formed therefrom	2011-06-14	19	21
108	US20110131912A1	Nestable molded articles, and related assemblies and methods	2011-06-09	2	2
109	US20110107698A1	Method of manufacturing a molded door skin from a flat wood composite, door skin produced therefrom, and door manufactured therewith	2011-05-12	0	46
110	US20110099933A1	Method of making multi-ply door core, multi-ply door core, and door manufactured therewith	2011-05-05	10	2
111	TWI341357B	Double door skin apparatus	2011-05-01	0	25
112	CN102029637A	板及其制造方法；Panel and manufacturing method thereof	2011-04-27	0	8
113	US7897246B2	Nestable molded articles, and related assemblies and methods	2011-03-01	20	2
114	US20110041454A1	Door, method of making door, and stack of doors	2011-02-24	6	2
115	US20110036033A1	Door skin, a method of etching a plate for forming a wood grain pattern in the door skin, and an etched plate formed therefrom	2011-02-17	2	2
116	AU2010203100A1	Panel and method of making the same	2011-02-10	0	8
117	EP2280128A2	Panel undherstellungsverfahren des panels; Panneau et son procédé de fabrication; Panel and method of making the same	2011-02-02	0	8
118	US20110020609A1	Panel and method of making the same	2011-01-27	0	8
119	US7866119B2	Method of making a multi-ply door core, multi-ply door core, and door manufactured therewith	2011-01-11	9	2
120	DE60143521D1	Umgekehrtes geformtes paneel	2011-01-05	0	36

（4）美森耐公司在中国公开的专利

美森耐公司在中国公开的专利有 19 件，目前这 19 件专利法律状态均为失效，列于表 7-4。

表 7-4 美森耐公司在中国公开的专利

公开号	申请号	标题	公开日	法律状态/事件	专利类型
CN1437525B	CN01811498.9	木材复合制品和制造反向模制的木材复合制品的方法	2013-09-04	未缴年费	授权发明
CN1765599B	CN200410007664.7	空心门、制造模制门面板的方法	2012-11-28	未缴年费；复审	授权发明
CN102029637A	CN201010530338.X	板及其制造方法	2011-04-27	撤回	发明申请
CN1593871B	CN200410085134.4	由一种木质合成材料制造的模压门贴面	2010-05-12	未缴年费	授权发明
CN100572102C	CN200480004384.9	门板表层，蚀刻板的方法以及该方法形成的蚀刻板	2009-12-23	未缴年费	授权发明
CN100526591C	CN03824017.3	双面门板装置	2009-08-12	未缴年费	授权发明
CN100349709C	CN02148173.3	制造门面板、空心门及模制木质纤维板坯的方法和装置	2007-11-21	未缴年费	授权发明
CN1765599A	CN200410007664.7	空心门、制造模制门面板的方法及压力机	2006-05-03	未缴年费；复审	发明申请
CN1750941A	CN200480004384.9	门板表层，蚀刻板以形成门板表层内的木质纹理图案的方法以及该方法形成的蚀刻板	2006-03-22	未缴年费	发明申请
CN1688784A	CN03824017.3	双面门板装置	2005-10-26	未缴年费	发明申请
CN1593871A	CN200410085134.4	由一种木质合成材料制造的模压门贴面	2005-03-16	未缴年费	发明申请
CN1182947C	CN98806095.7	由一种木质合成材料制造模压门贴面的方法	2005-01-05	未缴年费	授权发明
CN1491785A	CN02148173.3	木质纤维板的模制方法和装置	2004-04-28	未缴年费	发明申请
CN1145547C	CN99810413.2	将平坦木制复合材料制成模制门面板的方法及由此制得的门面板和门	2004-04-14	未缴年费	授权发明
CN1125713C	CN98804484.6	木质纤维板的模制方法和装置	2003-10-29	未缴年费	授权发明
CN1437525A	CN01811498.9	反向模制板	2003-08-20	未缴年费	发明申请
CN1328496A	CN99810413.2	将平坦木制复合材料制成模制门面板的方法及由此制得的门面板和门	2001-12-26	未缴年费	发明申请
CN1259894A	CN98806095.7	由一种木质合成材料制造模压门皮的方法，由这种方法制造的门皮以及由此制造的门	2000-07-12	未缴年费	发明申请
CN1253523A	CN98804484.6	木纤维板的模制方法和装置	2000-05-17	未缴年费	发明申请

7.2 本章小结

本章主要针对国外木质门相关技术研究领域实力最强的公司——美森耐公司（MASONITE CORP）进行分析，美森耐公司的木质门相关技术专利文献总量共 337 件，通过 DWPI

进行同族合并后为 51 件。2000—2005 年是美森耐公司木质门专利文献公开的增长期，2005 年专利申请量最高。

美森耐公司重视木质门相关专利的国际布局，在 21 个国家和地区进行了专利布局。欧洲专利局、世界知识产权组织和中国是美森耐公司申请木质门最多的专利的国家和地区。

美森耐公司木质门相关技术专利共 337 件，累计被引证 1776 次，其中被引证次数在 10 次及 10 次以上的专利共 61 件。美森耐公司木质门相关技术专利共 51 个专利族，其中同族成员数量在 10 件及 10 件以上的基本专利共 9 件。

美森耐公司在中国公开的专利有 19 件，目前这 19 件专利法律状态均为失效。

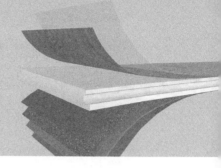

第八章　中国专利状况分析

　　为了更加全面准确的单独分析中国木质门相关技术专利状况，对中国的专利进行单独分析。从全球木质门相关技术专利中提取出在中国公开的专利文献 3377 件，获得所有以公开号"CN"开头的专利，得到本章分析的中国木质门相关技术专利数据。

8.1　申请分析

　　中国木质门相关技术专利申请公开量共 3377，其中发明专利 1052 件，占总量的31.2%，实用新型 2325 件(68.8%)(图 8-1)。

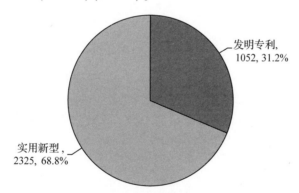

发明专利，
1052, 31.2%

实用新型，
2325, 68.8%

图 8-1　中国木质门相关技术专利申请公开量

　　中国木质门相关技术专利申请量的年度分布表明(图 8-2)，自中国专利制度建立初期就有了木质门相关技术专利申请，中国木质门相关技术专利技术发展历程大致可以分为以下两个阶段：

　　第一阶段是缓慢发展期，1990—2006 年，该阶段专利量较少，每年仅有几件专利申请，没有增加的趋势，这个阶段专利申请以发明专利为主；1990 年公开的第一件木质门专利是个人申请人尹锡圭申请的公开号为 "CN1041560A"名称为"木门及其制造方法"的发明专利，该专利发明涉及将若干块木料连接、制成的木门及其制造方法，各块木料粘合面被切削成倾斜凹口，在木材的横向，贯穿有若干管子插入孔，金属管分别嵌入在这些孔中，涂粘接树脂后，组装在压力机上进行，在木门内、外表面上，加工出图案。

　　第二阶段是快速发展期，2007—2017 年，该阶段专利量迅速增长。2007—2017 年的发明和实用新型专利量均有快速增长，发明专利占比越来越大；2016 年比 2015 年专利量略少，但也有 589 件。

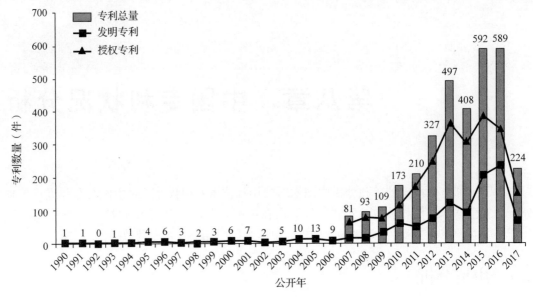

图 8-2　中国木质门相关技术专利公开年度分布

8.2　技术广度分析

按照国际专利分类（IPC）统计分析表明，中国的 3377 件专利除木质门本身所在的分类号 E06B 外，还涉及的主要技术领域依次是层状产品即由扁平的或非扁平的薄层（B32B），312 件；门、窗或翼扇的铰链或其他悬挂装置（E05D），131 件，使翼扇移到开启或关闭位置的器件（E05F），111 件；门锁（E05B），110 件；产生装饰效果的工艺（B44C），89 件；木材加工、特种木制品的制造（B27M），85 件。（图 8-3）。

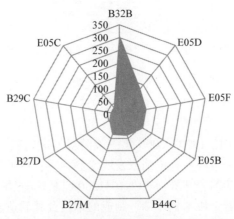

图 8-3　中国木质门相关技术专利 IPC 分类

8.3　省份分析

从国内申请人省份统计来看(图 8-4)，木质门专利涉及全国的 30 个省(自治区、直辖市)，其中浙江最多，共 1001 件，其次是江苏和广东分别为 332 件、235 件。排名 4～10 的省(直辖市)依次是黑龙江 173 件，山东 161 件，安徽 146 件，天津 129 件，重庆 127 件，北京 114 件，河北 113 件。各省发明专利数量都小于实用新型专利数量。

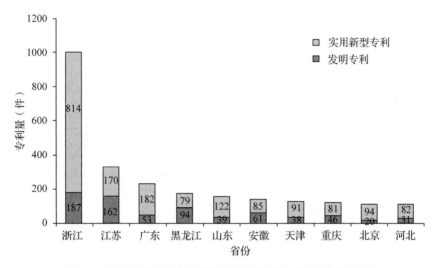

图 8-4　中国木质门相关技术专利国内申请人省份(排名前 10)

8.4　申请人分析

8.4.1　总体分析

对中国木质门相关技术专利的申请人进行分析，排名前 15 位的申请人列于表 8-1。数据分析表明，排名前 15 位中国木质门相关技术专利的申请人全部为国内申请人，其中企业 12 位，个人申请人 3 位。

排名第 1 位的浙江瑞明节能科技股份有限公司，专利量遥遥领先，共 108 件专利，其中发明专利 49 件，实用新型 59 件，目前有效的授权发明专利为 9 件，有效发明申请专利 9 件。

排名第 2 位的是江山显进机电科技服务有限公司，专利量为 58 件，全部为实用新型专利，且全部处于无效状态。

排名第 3 位的是黑龙江华信家具有限公司，专利量为 52 件，其中发明专利 39 件，实用新型专利为 13 件，且全部专利处于无效状态。

排名第 4 位的是哈尔滨森鹰窗业股份有限公司，专利量为 51 件，其中发明专利 34 件，实用新型 17 件，目前有效的授权发明专利为 5 件，有效发明申请专利 6 件。

排名第 5 位的河北奥润顺达窗业有限公司，专利量为 39 件，其中发明专利 15 件，实用新型专利为 24 件，目前有效的授权发明专利为 7 件，有效发明申请专利 8 件。

　　排名第 6 位的浙江金旗门业有限公司，专利量为 37 件，37 件专利全部为实用新型专利，且全部处于无效状态。

　　排名第 7 位的安徽安旺门业股份有限公司，专利量为 33 件，其中发明专利 23 件，实用新型专利为 10 件，目前发明专利全部为失效状态，只有 8 件实用新型专利处于有效状态，这 8 件实用新型专利全部涉及木质隔热防火门领域。

　　排名前 15 位的申请人还包括浙江江山润安门业有限公司（27 件）、广东圣堡罗门业有限公司（25 件）、钭礼俊（22 件）、詹庆富（22 件）、浙江吴氏门业有限公司（21 件）、哈尔滨盛世华林科技有限公司（20 件）、苏州雍阳装饰材料有限公司（20 件）、张善元（20 件）。排名前 15 位的申请人专利量均在 20 件或 20 件以上。

　　总体来看，中国木质门相关技术专利市场的竞争者较多，专利技术分布分散，发明专利量占各申请人的专利量的比重较小，有效发明专利数量少。相对于企业申请人，个人申请人更不注重专利的维护，绝大多数专利处于无效状态。

表 8-1　中国木质门相关技术专利主要申请人

排名	专利量（件）	申请人	专利类型		有效发明专利	
			发明	实用新型	发明授权	发明申请
1	108	浙江瑞明节能科技股份有限公司	49	59	9	9
2	58	江山显进机电科技服务有限公司	0	58	0	0
3	52	黑龙江华信家具有限公司	39	13	0	0
4	51	哈尔滨森鹰窗业股份有限公司	34	17	5	6
5	39	河北奥润顺达窗业有限公司	15	24	7	8
6	37	浙江金旗门业有限公司	0	37	0	0
7	33	安徽安旺门业股份有限公司	23	10	0	0
8	27	浙江江山润安门业有限公司	0	27	0	0
9	25	广东圣堡罗门业有限公司	5	20	1	0
10	22	钭礼俊	5	17	0	0
11	22	詹庆富	17	5	1	1
12	21	浙江吴氏门业有限公司	0	21	0	0
13	20	哈尔滨盛世华林科技有限公司	20	0	0	0
14	20	苏州雍阳装饰材料有限公司	4	16	0	0
15	20	张善元	4	16	0	0

8.4.2　趋势分析

　　对中国木质门相关技术专利的申请人申请趋势进行分析，排名前 15 位申请人申请趋势列于表 8-2。数据分析表明，排名前 15 位中国木质门相关技术专利的申请人专利主要集中在 2013—2016 年期间，2013 年专利总公开量为 136 件，2015 年总公开量为 119 件。相对其他申请人，浙江瑞明节能科技股份有限公司、黑龙江华信家具有限公司、哈尔滨森鹰窗业股份有限公司和河北奥润顺达窗业有限公司 4 家企业更注重木质门相关技术的研发连续性，2013—2016 年每年都有新的专利公开。

排名前 15 位中国木质门相关技术专利的申请人中，个人申请人专利公开时间要早于企业申请人。

表 8-2　中国木质门相关技术专利主要申请人专利公开量趋势

申请人	2008	2009	2010	2011	2012	2013	2014	2015	2016	2017
浙江瑞明节能科技股份有限公司			6	11	6	19	24	25	10	7
江山显进机电科技服务有限公司								58		
黑龙江华信家具有限公司			1		4	7	6	16	18	
哈尔滨森鹰窗业股份有限公司			1	1	16	23	5	3	2	
河北奥润顺达窗业有限公司			5	5	6	8	6	6	2	1
浙江金旗门业有限公司					2	4	21		10	
安徽安旺门业股份有限公司								3	20	10
浙江江山润安门业有限公司				1	11	15				
广东圣堡罗门业有限公司						17	4	3	1	
钭礼俊					1	20		1		
詹庆富		4	9	7	2					
浙江吴氏门业有限公司							8	3	10	
哈尔滨盛世华林科技有限公司							2		18	
苏州雍阳装饰材料有限公司						8	8	1	3	
张善元	2		1			15	1			1

8.5　国内重点企业分析

按中国木质门相关技术专利申请量排名，选择浙江瑞明节能科技股份有限公司、江山显进机电科技服务有限公司、黑龙江华信家具有限公司 3 家机构单位进行进一步分析。

8.5.1　浙江瑞明节能科技股份有限公司

浙江瑞明节能科技股份有限公司始建于 2002 年，是一家集研发、培育及拓展节能门窗系统产业链示范基地为一体的建筑节能企业。浙江瑞明节能科技股份有限公司已研发出144 项新产品，218 项技术革新，累计申请专利 334 余项，并获国际、国内各项安全测评认证。截至 2017 年，已与美国、德国、法国、波兰、荷兰、澳大利亚、加拿大、印度、巴西、科威特、秘鲁、缅甸、巴拿马等十几余国进行长期合作贸易关系。

（1）申请趋势分析

对浙江瑞明节能科技股份有限公司木质门相关技术专利公开年度的分析表明，浙江瑞明节能科技股份有限公司最早的木质门相关专利在 2007 年公开，2014 年和 2015 年专利公开量最多，分别为 24 件和 25 件，其后呈下降趋势（图 8-6）。

（2）专利列表

浙江瑞明节能科技股份有限公司发明专利和有效实用新型专利情况列于表 8-3。浙江瑞明节能科技股份有限公司共 108 件专利，其中发明专利 49 件，实用新型 59 件，目前有

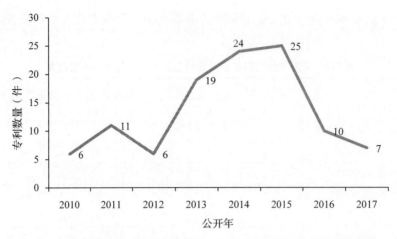

图 8-6 浙江瑞明节能科技股份有限公司木质门相关技术专利申请趋势

效的授权发明专利为 9 件，有效发明申请专利 9 件，有效的实用新型专利 36 件。

浙江瑞明节能科技股份有限公司在海外申请专利 2 件，专利公开号为"WO2017035957A1"，专利标题为"Assembly frame structure of wooden casement window and corner assembly method"。该专利涉及一种用于木门窗框或扇框的组框装置，其在中国的专利同族为"CN205153906U""CN105201362B""CN105201362A"，3 件中国专利均为授权状态，是浙江瑞明节能科技股份有限公司的核心专利。

专利公开号为"WO2017035958A1"，专利标题为"Combined frame device for wood door or window frame or fan frame"。该专利也涉及一种用于木门窗框或扇框的组框装置，在中国的专利同族为"CN204920700U"，法律状态为授权。

表 8-3 浙江瑞明节能科技股份有限公司木质门发明专利和有效实用新型专利

序号	公开号	申请号	标题	申请日	法律状态	专利类型
1	CN106639789A	CN201611011377.2	一种铝木复合门窗室内侧定位槽结构	2016-11-17	驳回	发明申请
2	CN106593200A	CN201611086694.0	一种铝木复合金刚网一体内开门窗	2016-12-01	驳回	发明申请
3	CN106401436A	CN201611011376.8	一种带金刚网的铝木复合内开门窗	2016-11-17	驳回	发明申请
4	CN106223789A	CN201610684221.4	一种对开窗结构的门窗系统	2016-08-18	驳回	发明申请
5	CN106223790A	CN201610693307.3	一种铝合金树脂木外开节能门窗系统	2016-08-18	驳回	发明申请
6	CN106223782A	CN201610683988.5	一种带真中梃的门窗结构	2016-08-18	驳回	发明申请
7	CN105484618A	CN201510985689.2	一种铝合金树脂薄木内开节能门窗系统	2015-12-25	驳回	发明申请
8	CN105201362A	CN201510553825.0	一种木门窗扇的组框结构及组角方法	2015-09-02	授权	发明申请
9	CN104895451A	CN201510157839.0	一种纯木仿古门窗	2015-04-03	驳回	发明申请
10	CN104775711A	CN201510156358.8	一种铝包木外开门窗系统	2015-04-03	驳回	发明申请
11	CN104775717A	CN201510156367.7	一种铝合金薄木复合提升推拉门窗系统	2015-04-03	驳回	发明申请

（续）

序号	公开号	申请号	标题	申请日	法律状态	专利类型
12	CN104763291A	CN201510157377.2	一种带有隐藏式合页的纯木仿古门	2015-04-03	驳回	发明申请
13	CN104763287A	CN201510156392.5	一种纯木外开门窗系统	2015-04-03	驳回	发明申请
14	CN104763290A	CN201510156467.X	一种纯木仿古折叠门系统	2015-04-03	驳回	发明申请
15	CN104747004A	CN201510156379.X	一种铝合金薄木复合外开门窗系统	2015-04-03	驳回	发明申请
16	CN104747021A	CN201510156368.1	一种铝合金薄木复合推拉门窗系统	2015-04-03	驳回	发明申请
17	CN104563743A	CN201310466900.0	一种隐扇式纯木节能门窗系统	2013-10-09	撤回	发明申请
18	CN104295202A	CN201410439483.5	一种木制门窗框架结构的组框结构及组框方法	2014-09-01	驳回	发明申请
19	CN104120946A	CN201410337215.2	一种新型铝木复合节能门窗系统	2014-07-16	驳回	发明申请
20	CN104100170A	CN201410271560.0	一种无槛门门窗的复合型材外框组框结构	2014-06-18	授权	发明申请
21	CN104088557A	CN201410271376.6	一种无槛门门窗的实木组合外框组框结构	2014-06-18	驳回	发明申请
22	CN104088556A	CN201410271320.0	一种无槛门门窗的实木组合外框下口组框结构	2014-06-18	驳回	发明申请
23	CN104088558A	CN201410271559.8	一种无槛门门窗的复合型材外框下口组框结构	2014-06-18	驳回	发明申请
24	CN103912181A	CN201410140513.2	一种铝木复合隐框结构	2014-04-09	驳回	发明申请
25	CN103912182A	CN201410140966.5	一种全隐式铝包木门窗	2014-04-09	驳回	发明申请
26	CN103912184A	CN201410141731.8	一种全隐式铝木复合门窗	2014-04-09	驳回	发明申请
27	CN103603569A	CN201310545504.7	碳化木提升推拉门窗系统	2013-11-06	授权	发明申请
28	CN103590707A	CN201310545334.2	碳化木外开门窗系统	2013-11-06	授权	发明申请
29	CN103382802A	CN201310304610.6	一种新型门窗系统	2013-07-17	驳回	发明申请
30	CN103321525A	CN201310224549.4	一种薄木铝合金复合门窗系统	2013-06-05	驳回	发明申请
31	CN103321528A	CN201310225318.5	一种高性能塑木铝复合门窗	2013-06-05	驳回	发明申请
32	CN103321527A	CN201310225299.6	一种高性能塑木铝复合门窗的框型材	2013-06-05	驳回	发明申请
33	CN103321547A	CN201310225309.6	一种新型门窗型材的角部连接结构	2013-06-05	授权	发明申请
34	CN103321526A	CN201310224581.2	一种薄木铝合金复合门窗系统的框型材	2013-06-05	驳回	发明申请
35	CN103321534A	CN201310224532.9	一种薄木铝合金复合门窗系统的扇型材	2013-06-05	驳回	发明申请
36	CN103321541A	CN201310224545.6	一种薄木铝合金复合门窗系统的压线	2013-06-05	驳回	发明申请
37	CN102128004A	CN201110077949.8	一种新型实木复合门	2011-03-30	授权	发明申请
38	CN101942952A	CN201010257627.7	一种纯木外开节能门窗系统	2010-08-18	授权	发明申请
39	CN101922276A	CN201010253327.1	一种纯木内开节能门窗系统	2010-08-13	授权	发明申请
40	CN101886507A	CN201010226221.2	一种新型的木覆铝式门窗系统	2010-07-13	授权	发明申请

（续）

序号	公开号	申请号	标题	申请日	法律状态	专利类型
41	CN206174764U	CN201620898786.8	带真中梃的门窗结构	2017-03-01	授权	实用新型
42	CN206016550U	CN201620898858.9	无槛门结构	2016-08-18	授权	实用新型
43	CN205445321U	CN201521092931.5	铝合金树脂薄木内开节能门窗系统	2015-12-25	授权	实用新型
44	CN205153906U	CN201520675439.4	一种木门窗扇的组框结构	2015-09-02	授权	实用新型
45	CN204920700U	CN201520675438.X	一种用于木门窗框或扇框的组框装置	2015-09-02	授权	实用新型
46	CN204782564U	CN201520254772.8	一种铝木复合推拉节能门窗系统	2015-04-25	授权	实用新型
47	CN204782585U	CN201520254769.6	一种铝包木内开节能门窗系统	2015-04-25	授权	实用新型
48	CN204728902U	CN201520198363.0	铝包木外开门窗系统	2015-04-03	授权	实用新型
49	CN204728927U	CN201520198679.X	纯木仿古折叠门系统	2015-04-03	授权	实用新型
50	CN204728922U	CN201520198648.4	铝合金薄木复合推拉门窗系统	2015-04-03	授权	实用新型
51	CN204716038U	CN201520198609.4	铝合金薄木复合提升推拉门窗系统	2015-04-03	授权	实用新型
52	CN204716014U	CN201520198411.6	铝合金薄木复合外开门窗系统	2015-04-03	授权	实用新型
53	CN204590993U	CN201520254770.9	一种铝木复合提升推拉节能门窗系统	2015-04-25	授权	实用新型
54	CN204591029U	CN201520254764.3	一种手摇外开窗的铝包木门窗系统	2015-04-25	授权	实用新型
55	CN204552455U	CN201520200418.7	纯木仿古门窗	2015-04-03	授权	实用新型
56	CN204552481U	CN201520198502.X	纯木外开门窗系统	2015-04-03	授权	实用新型
57	CN204552459U	CN201520201961.9	带有隐藏式合页的纯木仿古门	2015-04-03	授权	实用新型
58	CN204081886U	CN201420498481.9	一种木制门窗框架结构的组框结构	2014-09-01	授权	实用新型
59	CN203961635U	CN201420391402.4	一种新型铝木复合节能门窗系统	2014-07-16	授权	实用新型
60	CN203925125U	CN201420324215.4	无槛门门窗的实木组合外框下口组框结构	2014-06-18	授权	实用新型
61	CN203925127U	CN201420324531.1	无槛门门窗的复合型材外框下口组框结构	2014-06-18	授权	实用新型
62	CN203925126U	CN201420324247.4	无槛门门窗的实木组合外框组框结构	2014-06-18	授权	实用新型
63	CN203783338U	CN201420169588.9	一种全隐式铝包木门窗	2014-04-09	授权	实用新型
64	CN203783341U	CN201420169791.6	一种全隐式铝木复合门窗	2014-04-09	授权	实用新型
65	CN203783339U	CN201420170671.8	一种铝木复合隐框结构	2014-04-09	授权	实用新型
66	CN203559709U	CN201320621413.2	一种隐扇式节能门窗外框安装结构	2013-10-09	授权	实用新型
67	CN203559705U	CN201320621414.7	一种隐扇式纯木节能门窗系统	2013-10-09	授权	实用新型
68	CN203308292U	CN201320327307.3	一种薄木铝合金复合门窗系统	2013-06-05	授权	实用新型
69	CN203308293U	CN201320327321.3	一种薄木铝合金复合门窗系统的框型材	2013-06-05	授权	实用新型
70	CN203308305U	CN201320326445.X	一种高性能塑木铝复合门窗的扇型材	2013-06-05	授权	实用新型

（续）

序号	公开号	申请号	标题	申请日	法律状态	专利类型
71	CN203308308U	CN201320327309.2	一种薄木铝合金复合门窗系统的扇型材	2013-06-05	授权	实用新型
72	CN203308291U	CN201320327299.2	一种高性能塑木铝复合门窗	2013-06-05	授权	实用新型
73	CN203308294U	CN201320327335.5	一种高性能塑木铝复合门窗的框型材	2013-06-05	授权	实用新型
74	CN203201379U	CN201320182648.6	一种高性能薄木铝塑复合门窗	2013-04-11	授权	实用新型
75	CN202450942U	CN201220086335.6	一种天然薄木复合隔热塑钢门窗型材	2012-03-09	授权	实用新型
76	CN202017437U	CN201120088604.8	一种新型铝木门窗木中挺连接机构	2011-03-30	授权	实用新型
77	CN103590707B	CN201310545334.2	碳化木外开门窗系统	2013-11-06	授权	授权发明
78	CN104100170B	CN201410271560.0	一种无槛门窗的复合型材外框组框结构	2014-06-18	授权	授权发明
79	CN103590710B	CN201310547084.6	碳化木内平开门窗系统	2013-11-06	授权	授权发明
80	CN103590721B	CN201310557768.4	一种门窗角部连接塑钢型材	2013-11-11	授权	授权发明
81	CN103321547B	CN201310225309.6	一种新型门窗型材的角部连接结构	2013-06-05	授权	授权发明
82	CN101886507B	CN201010226221.2	一种木覆铝式门窗系统	2010-07-13	授权	授权发明
83	CN102128004B	CN201110077949.8	一种新型实木复合门	2011-03-30	授权	授权发明
84	CN101922276B	CN201010253327.1	一种纯木内开节能门窗系统	2010-08-13	授权	授权发明
85	CN101942952B	CN201010257627.7	一种纯木外开节能门窗系统	2010-08-18	授权	授权发明

8.5.2 江山显进机电科技服务有限公司

江山显进机电科技服务有限公司，木质门相关专利量为 58 件，58 件专利均为 2015 年公开，全部为实用新型专利，且全部处于无效状态（表 8-4）。

表 8-4 江山显进机电科技服务有限公司专利列表

序号	公开号	申请号	标题	申请日	专利类型	法律状态
1	CN204266792U	CN201420682670.1	设有缓震条及把手固定杆的密封型双支撑木门	2014-11-16	实用新型	失效
2	CN204266824U	CN201420682644.9	设有金属夹板及金属环的密封型双支撑木门	2014-11-16	实用新型	失效
3	CN204266799U	CN201420682684.3	设有缓震条和金属环的密封型木门	2014-11-16	实用新型	失效
4	CN204266867U	CN201420682698.5	设有金属夹板和金属环的密封型木门	2014-11-16	实用新型	失效
5	CN204266878U	CN201420682686.2	设有缓震条的密封型木门	2014-11-16	实用新型	失效
6	CN204266832U	CN201420682671.6	设有缓震条及金属杆的密封型双支撑木门	2014-11-16	实用新型	失效
7	CN204266828U	CN201420682656.1	设有缓震条及金属环的密封型双支撑木门	2014-11-16	实用新型	失效

（续）

序号	公开号	申请号	标题	申请日	专利类型	法律状态
8	CN204266794U	CN201420682678.8	设有缓震条金属边框金属横杆的密封性木门	2014-11-16	实用新型	失效
9	CN204266791U	CN201420682668.4	设有缓震条支撑球及把手固定杆的密封型木门	2014-11-16	实用新型	失效
10	CN204266788U	CN201420682664.6	设有缓震条金属边框金属夹板的密封型木门	2014-11-16	实用新型	失效
11	CN204266863U	CN201420682649.1	中空结构的密封式木门	2014-11-16	实用新型	失效
12	CN204266837U	CN201420682677.3	设有缓震条和把手固定杆的密封性木门	2014-11-16	实用新型	失效
13	CN204266786U	CN201420682662.7	设有金属环及支撑球的密封型木门	2014-11-16	实用新型	失效
14	CN204266838U	CN201420682687.7	设有金属杆的密封型木门	2014-11-16	实用新型	失效
15	CN204266864U	CN201420682645.3	设有缓震条的密封型双支撑木门	2014-11-16	实用新型	失效
16	CN204266843U	CN201420682697.0	设有合页固定杆和夹板的密封型木门	2014-11-16	实用新型	失效
17	CN204266865U	CN201420682665.0	设有缓震条金属环把手固定杆的密封型木门	2014-11-16	实用新型	失效
18	CN204266849U	CN201420682683.9	设有带密封边的金属边框的木门	2014-11-16	实用新型	失效
19	CN204266796U	CN201420682680.5	设有金属边框的密封型木门	2014-11-16	实用新型	失效
20	CN204266829U	CN201420682657.6	设有缓震条及金属夹板的密封型双支撑木门	2014-11-16	实用新型	失效
21	CN204266831U	CN201420682661.2	设有把手固定杆及支撑球的密封型木门	2014-11-16	实用新型	失效
22	CN204266820U	CN201420682633.0	设有缓震条金属环及弹性支撑的密封型木门	2014-11-16	实用新型	失效
23	CN204266879U	CN201420682639.8	设有金属夹板金属环及弹性支撑的密封型木门	2014-11-16	实用新型	失效
24	CN204266801U	CN201420682694.7	设有缓震条及合页连接杆的密封型木门	2014-11-16	实用新型	失效
25	CN204266800U	CN201420682689.6	设有缓震条支撑球及金属横杆的密封型木门	2014-11-16	实用新型	失效
26	CN204266822U	CN201420682640.0	设有缓震条把手固定杆及弹性支撑的密封型木门	2014-11-16	实用新型	失效
27	CN204266787U	CN201420682663.1	设有金属杆及支撑球的密封型木门	2014-11-16	实用新型	失效
28	CN204266841U	CN201420682692.8	设有缓震块的密封型木门	2014-11-16	实用新型	失效
29	CN204266834U	CN201420682673.5	设有合页固定杆的密封型双支撑木门	2014-11-16	实用新型	失效
30	CN204266835U	CN201420682674.X	设有缓震条和支撑球的密封型木门	2014-11-16	实用新型	失效
31	CN204266783U	CN201420682654.2	设有缓震条金属夹板及弹性支撑的密封型木门	2014-11-16	实用新型	失效

（续）

序号	公开号	申请号	标题	申请日	专利类型	法律状态
32	CN204266866U	CN201420682669.9	设有缓震条及合页连接杆的密封型双支撑木门	2014-11-16	实用新型	失效
33	CN204266877U	CN201420682685.8	设有缓震条及金属边框的密封型木门	2014-11-16	实用新型	失效
34	CN204266840U	CN201420682691.3	设有金属夹板金属环及支撑球的密封型木门	2014-11-16	实用新型	失效
35	CN204266823U	CN201420682643.4	设有金属夹板的密封型双支撑木门	2014-11-16	实用新型	失效
36	CN204266785U	CN201420682659.5	设有缓震条支撑球及金属环的密封型木门	2014-11-16	实用新型	失效
37	CN204266821U	CN201420682637.9	中空结构的双支撑密封式木门	2014-11-16	实用新型	失效
38	CN204266819U	CN201420682632.6	设有缓震条金属横杆及弹性支撑的密封型木门	2014-11-16	实用新型	失效
39	CN204266839U	CN201420682688.1	设有金属杆的密封型双支撑木门	2014-11-16	实用新型	失效
40	CN204266826U	CN201420682652.3	设有缓震条及弹性支撑的密封型木门	2014-11-16	实用新型	失效
41	CN204266797U	CN201420682681.X	设有缓震条支撑球及金属夹板的密封型木门	2014-11-16	实用新型	失效
42	CN204266802U	CN201420682695.1	设有缓震条和金属横杆的密封型木门	2014-11-16	实用新型	失效
43	CN204266844U	CN201420682699.X	设有金属夹板的密封型木门	2014-11-16	实用新型	失效
44	CN204266793U	CN201420682675.4	设有合页固定杆及支撑球的密封型木门	2014-11-16	实用新型	失效
45	CN204266842U	CN201420682693.2	设有缓震条和金属杆的密封型木门	2014-11-16	实用新型	失效
46	CN204266789U	CN201420682666.5	设有把手固定杆的密封型木门	2014-11-16	实用新型	失效
47	CN204266825U	CN201420682648.7	设有弹性支撑的中空结构的密封式木门	2014-11-16	实用新型	失效
48	CN204266873U	CN201420682642.X	设有把手固定杆的密封型双支撑木门	2014-11-16	实用新型	失效
49	CN204266827U	CN201420682653.8	设有缓震条合页连接杆及弹性支撑的密封型木门	2014-11-16	实用新型	失效
50	CN204266830U	CN201420682660.8	设有金属夹板及支撑球的密封型木门	2014-11-16	实用新型	失效
51	CN204266795U	CN201420682679.2	设有合页固定杆的密封型木门	2014-11-16	实用新型	失效
52	CN204266790U	CN201420682667.X	设有金属环的密封型木门	2014-11-16	实用新型	失效
53	CN204266833U	CN201420682672.0	设有金属环的密封型双支撑木门	2014-11-16	实用新型	失效
54	CN204266836U	CN201420682676.9	设有缓震条和金属夹板的密封型木门	2014-11-16	实用新型	失效
55	CN204266798U	CN201420682682.4	设有缓震条支撑球及合页连接杆的密封型木门	2014-11-16	实用新型	失效

（续）

序号	公开号	申请号	标题	申请日	专利类型	法律状态
56	CN204266784U	CN201420682655.7	设有合页固定杆及夹板的密封型双支撑木门	2014-11-16	实用新型	失效
57	CN204266803U	CN201420682696.6	设有金属边框和金属夹板的密封型木门	2014-11-16	实用新型	失效
58	CN204283117U	CN201420682647.2	设有支撑球的中空结构的密封式木门	2014-11-16	实用新型	失效

8.5.3 黑龙江华信家具有限公司

黑龙江华信家具有限公司，专利量为52件，其中发明专利39件，实用新型专利为13件，黑龙江华信家具有限公司专利公开最早年份是2010年，2015年和2016年专利公开量最多，分别为16件和18件。

黑龙江华信家具有限公司的专利全部在国内申请，没有进行海外布局，全部专利处于无效状态。黑龙江华信家具有限公司的发明专利列于表8-5。

表8-5 黑龙江华信家具有限公司木质门相关技术发明专利列表

序号	公开号	申请号	标题	申请日	法律状态	专利类型
1	CN105569523A	CN201410550305.X	一种粉煤灰板夹层防盗门板及其制作方法	2016-05-11	撤回	发明申请
2	CN105569511A	CN201410550318.7	一种粉煤灰板夹层装饰板及其制作方法	2016-05-11	撤回	发明申请
3	CN105569516A	CN201410550282.2	一种粉煤灰板夹层防弹门板及其制作方法	2016-05-11	撤回	发明申请
4	CN105569525A	CN201410550234.3	一种粉煤灰板夹层保温门板及其制作方法	2016-05-11	撤回	发明申请
5	CN105569526A	CN201410550253.6	一种粉煤灰板夹层防火门板及其制作方法	2016-05-11	撤回	发明申请
6	CN105569510A	CN201410550285.6	一种粉煤灰板夹层防辐射门板及其制作方法	2016-05-11	撤回	发明申请
7	CN105569506A	CN201410550242.8	一种粉煤灰板夹层隔音门板及其制作方法	2016-05-11	撤回	发明申请
8	CN105500467A	CN201410550676.8	一种粉煤灰板夹层门板及其制作方法	2016-04-20	撤回	发明申请
9	CN105507764A	CN201410550244.7	一种粉煤灰板夹层防开裂门板及其制作方法	2016-04-20	撤回	发明申请
10	CN105507763A	CN201410550239.6	一种粉煤灰基木质纤维人造隔音板及其制作方法	2016-04-20	撤回	发明申请
11	CN105464546A	CN201410386932.4	一种防辐射实木门板	2016-04-06	撤回	发明申请
12	CN105464540A	CN201410388677.7	一种防蛀防水实木门板	2016-04-06	撤回	发明申请
13	CN105370155A	CN201410388676.2	一种免漆装饰门	2016-03-02	撤回	发明申请

（续）

序号	公开号	申请号	标题	申请日	法律状态	专利类型
14	CN105370167A	CN201410388667.3	一种实木门	2016-03-02	撤回	发明申请
15	CN105332622A	CN201410386696.6	一种防火隔音实木门板	2016-02-17	撤回	发明申请
16	CN105332623A	CN201410388669.2	一种隐藏式边条防火实木门	2016-02-17	撤回	发明申请
17	CN105332618A	CN201410388678.1	一种防盗实木门	2016-02-17	撤回	发明申请
18	CN105332613A	CN201410388673.9	一种组合式实木门	2016-02-17	撤回	发明申请
19	CN104563783A	CN201310510148.5	抗变形铝包保温门	2015-04-29	撤回	发明申请
20	CN104563788A	CN201310510919.0	可拆装防裂痕抗变形实木门	2015-04-29	撤回	发明申请
21	CN104563773A	CN201310510264.7	绿色环保高强度抗变形铝包实木复合门及制作方法	2015-04-29	撤回	发明申请
22	CN104563786A	CN201310510292.9	高强度抗变形铝包实木复合门	2015-04-29	撤回	发明申请
23	CN104563813A	CN201310510150.2	绿色环保高强度抗变形铝包隔音门及制作方法	2015-04-29	撤回	发明申请
24	CN104563792A	CN201310510922.2	可拆装防裂痕隔音实木门	2015-04-29	撤回	发明申请
25	CN104563814A	CN201310510263.2	高强度抗变形铝包隔音门	2015-04-29	撤回	发明申请
26	CN104563784A	CN201310510151.7	绿色环保高强度抗变形铝包保温门及制作方法	2015-04-29	撤回	发明申请
27	CN104563799A	CN201310515606.4	可拆装防裂痕抗变形防弹实木门	2015-04-29	撤回	发明申请
28	CN104563785A	CN201310510262.8	高强度抗变形铝芯拆装门板	2015-04-29	撤回	发明申请
29	CN104563803A	CN201310515590.7	绿色环保高强度铝合钢木防盗门	2015-04-29	撤回	发明申请
30	CN104563772A	CN201310510149.X	绿色环保高强度抗变形铝芯防火门	2015-04-29	撤回	发明申请
31	CN104563789A	CN201310510921.8	可拆装防裂痕保温实木门	2015-04-29	撤回	发明申请
32	CN104563775A	CN201310510291.4	高强度抗变形铝芯防火门板	2015-04-29	撤回	发明申请
33	CN103659990A	CN201310507532.X	环保节能实木多层板防火门的制作方法	2014-03-26	撤回	发明申请
34	CN103556921A	CN201310510346.1	可拆装防裂痕实木门	2014-02-05	撤回	发明申请
35	CN103556904A	CN201310510349.5	节能防变形实木门边及码头	2014-02-05	撤回	发明申请
36	CN103527048A	CN201310510920.3	可拆装防裂痕防盗实木门	2014-01-22	撤回	发明申请
37	CN103527046A	CN201310510344.2	可拆装防裂痕抗变形实木门	2014-01-22	撤回	发明申请
38	CN103195344A	CN201310104260.9	木门自动密闭器及使用方法	2013-07-10	撤回	发明申请
39	CN103114790A	CN201310068929.3	环保节能高强度抗创击抗划伤公共专用门及制作方法	2013-05-22	撤回	发明申请

8.6 中国发明专利

中国木质门相关技术发明授权专利共 187 件，其中处于"授权"的有效状态的专利 123 件，这表明专利权人十分注重发明授权专利的维持。此外，发明申请专利共 172 件有效专利。

对国外企业来华申请在失效状态的授权发明专利，如美森耐公司失效的专利，国内企业可以进行木质门相关技术的学习借鉴、消化和吸收，这些专利值得中国企业重视。一般情况下，发生过权利转移、许可、质押的专利都是比较关键的技术，可以重点关注研究这些专利。对于法律状态属于"终止"的专利已经成为公知技术，可以无偿使用；对于法律状态仍然处于授权状态的专利则需注意避免侵权（表8-6）。

表8-6　中国木质门相关技术发明授权专利列表

序号	申请号	标题	申请日	专利权人	法律状态/事件	专利类型
1	CN201510046968.2	薄木饰面镶嵌防盗门及其生产工艺	2015-01-30	王力安防科技股份有限公司	授权；权利转移	授权发明
2	CN201510084423.0	一种套装门	2015-02-16	山东泰森日盛家居科技有限公司	授权；权利转移	授权发明
3	CN201510493100.7	一种具有可拆卸式挂钩的铝合金复合门体	2015-08-12	鹤山天山金属材料制品有限公司	授权；权利转移	授权发明
4	CN201510494325.4	一种板面可换的铝合金复合门体	2015-08-12	贵州协成装饰工程有限公司	授权；权利转移	授权发明
5	CN201510122348.2	一种附框连接件及其安装方法	2015-03-19	常州玖洲联横建材有限公司	授权；权利转移	授权发明
6	CN201510493621.2	一种具有宠物门的铝合金复合门体	2015-08-12	扬州龙鑫科技有限公司	授权；权利转移	授权发明
7	CN201510213007.6	猎醛木门	2015-04-30	陈俊龙	授权	授权发明
8	CN201510561553.9	一种木门	2015-09-06	周清	授权	授权发明
9	CN201410556831.7	杂木真空改性复合木门及其加工方法	2014-10-20	湖州南浔恒峰家居科技有限公司	授权	授权发明
10	CN201510223139.7	一种生态防火板及该生态防火板制成的防火门	2015-05-05	福江集团有限公司	授权	授权发明
11	CN201410761717.8	一种单扇型材平开门	2014-12-13	安徽高德铝业有限公司	授权	授权发明
12	CN201510331858.0	通风木质防盗门	2015-06-16	浙江采丰木业有限公司	未缴年费	授权发明
13	CN201510322991.X	一种钢木室内门	2015-06-14	哈威光电科技（苏州）有限公司	授权；权利转移	授权发明
14	CN201410616870.1	一种仿古内开实木窗	2014-11-06	高碑店顺达墨瑟门窗有限公司	授权	授权发明
15	CN201510429790.X	一种木质隔热防火门	2015-07-21	宁波天一消防器材有限公司	未缴年费	授权发明
16	CN201510493614.2	一种铝合金复合门体	2015-08-12	佛山市冠邦门业有限公司	授权；权利转移	授权发明
17	CN201410761723.3	一种型材推拉门	2014-12-13	安徽高德铝业有限公司	授权	授权发明
18	CN201510323630.7	一种钢木室内门	2015-06-14	广东恒闻建材有限公司	授权；权利转移	授权发明

（续）

序号	申请号	标题	申请日	专利权人	法律状态/事件	专利类型
19	CN201410621812.8	一种静音生态木门	2014-11-07	浙江上臣家居科技有限公司	未缴年费	授权发明
20	CN201410003818.9	一种高防水性能铝包木外开门窗	2014-01-06	河北奥润顺达窗业有限公司	授权	授权发明
21	CN201410794796.2	适用于木质外门板的门框	2014-12-22	德胜（苏州）洋楼有限公司	授权	授权发明
22	CN201310545334.2	碳化木外开门窗系统	2013-11-06	浙江瑞明节能科技股份有限公司	授权	授权发明
23	CN201510633954.0	一种复合实木移门或移窗及其复合实木的制作方法	2015-09-29	江苏黛唯欧家具制造有限公司	授权	授权发明
24	CN201510105811.2	一种防变形隔音木门	2015-03-11	浙江申瑞门业有限公司	授权	授权发明
25	CN201510030107.5	一种实木门	2015-01-21	浙江申瑞门业有限公司	授权	授权发明
26	CN201410401847.0	一种拼装式木门结构	2014-08-15	浙江红利富实木业有限公司	授权	授权发明
27	CN201410047638.0	木质移门防脱落安装结构	2014-02-12	苏州金螳螂建筑装饰股份有限公司	授权	授权发明
28	CN201410600410.X	一种艺术安全金属门的制作工艺	2014-10-31	涂兴家	授权	授权发明
29	CN201410641373.7	一体成型封边门板的封边方法及产品	2014-11-14	黄锡福	授权	授权发明
30	CN201510111967.1	一种钢木质保温门	2015-03-13	上海森林特种钢门有限公司	授权	授权发明
31	CN201410271560.0	一种无槛门门窗的复合型材外框组框结构	2014-06-18	浙江瑞明节能科技股份有限公司	授权	授权发明
32	CN201410085879.4	一种密封性能好的实木外开门窗	2014-03-11	河北奥润顺达窗业有限公司	授权	授权发明
33	CN201510084592.4	具有自动开关锁及开关门功能的轨道式多扇门	2015-02-16	广西平果铝安福门业有限责任公司	未缴年费；权利转移	授权发明
34	CN201510061761.2	用于铝木门窗的对角拼接组件及其铝木门窗装配方法	2015-02-06	戎炯	授权	授权发明
35	CN201210072119.0	一种门脸线连接扣	2012-03-19	大连金房子门窗制造有限公司	授权	授权发明
36	CN201310406595.6	一种带密封滚轮的木门	2013-09-09	江苏金泰祥内外门业有限公司	授权；权利转移	授权发明
37	CN201310406486.4	一种带上锁指示灯的木门	2013-09-09	董国芳	未缴年费；权利转移	授权发明
38	CN201380029670.X	用于耐火建筑组件的石膏复合材料	2013-06-28	知识产权古里亚有限责任公司	授权；权利转移	授权发明

（续）

序号	申请号	标题	申请日	专利权人	法律状态/事件	专利类型
39	CN201310312314.0	一种拼框门的制作方法	2013-07-23	索菲亚家居股份有限公司	授权	授权发明
40	CN201310369852.3	一种铝竹复合节能隔热平开门窗型材	2013-08-23	青岛永利工程发展有限公司	授权	授权发明
41	CN201510088340.9	复合门骨架	2015-02-26	柳州林道轻型木结构制造有限公司	授权	授权发明
42	CN201510088320.1	组合式复合门板	2015-02-26	柳州林道轻型木结构制造有限公司	授权	授权发明
43	CN201210162850.2	竹木复合门	2012-05-21	会同县康奇瑞竹木有限公司	未缴年费；权利转移	授权发明
44	CN201410181015.2	防开裂复合木门及其制造方法	2014-04-29	邹仕理	未缴年费	授权发明
45	CN201310547084.6	碳化木内平开门窗系统	2013-11-06	浙江瑞明节能科技股份有限公司	授权	授权发明
46	CN201310072920.X	一种贴实木木皮的木塑欧式门制作工艺	2013-03-08	河南新兴木塑科技有限公司	授权	授权发明
47	CN201410577829.8	一种新型白杨实木门结构及其制备方法	2014-10-24	付成永	授权	授权发明
48	CN201310532133.9	实木内平开门窗的排水系统	2013-11-03	浙江研和新材料股份有限公司	授权	授权发明
49	CN201310455607.4	一种铝木复合窗体组件及铝木复合窗	2013-09-30	烟台百盛建材科技有限公司	授权	授权发明
50	CN201410401837.7	一种用于拼装木门的连接组件	2014-08-15	浙江红利富实木业有限公司	授权	授权发明
51	CN201110220892.2	塑木门套线	2011-08-03	格林美股份有限公司	授权	授权发明
52	CN201210568507.8	实木门扇	2012-12-24	广东圣堡罗门业有限公司	未缴年费	授权发明
53	CN201210504738.2	铝—木—聚氨酯—木复合的内开保温窗	2012-11-30	哈尔滨森鹰窗业股份有限公司	授权	授权发明
54	CN201410343870.9	新型的木包铝门窗系统	2014-07-19	山西惠峰幕墙门窗有限责任公司	授权	授权发明
55	CN201410343872.8	木包铝门窗隔热条连接结构	2014-07-19	山西惠峰幕墙门窗有限责任公司	授权	授权发明
56	CN201410343884.0	木包铝门窗的玻璃支撑结构	2014-07-19	山西惠峰幕墙门窗有限责任公司	授权	授权发明
57	CN201410009561.8	一种门窗	2014-01-09	卢道强	授权	授权发明
58	CN201410138651.7	生态保温防火门安装施工方法	2014-04-09	浙江大学城市学院、大立建设集团有限公司、浙江杭州湾建筑集团有限公司	授权；权利转移	授权发明

（续）

序号	申请号	标题	申请日	专利权人	法律状态/事件	专利类型
59	CN201310406532.0	一种具有宠物门的木门	2013-09-09	吉林省鑫华亿木业有限责任公司	未缴年费；权利转移	授权发明
60	CN201410344721.4	一种铝木复合门窗	2014-07-18	天津金木共生科技有限公司	授权	授权发明
61	CN201180032539.X	改进的窗帘系统及方法	2011-06-02	普菲科特窗户显示有限责任公司	授权	授权发明
62	CN201410138652.1	生态保温防火门制作方法	2014-04-09	湖北正寅科技有限公司	授权；权利转移	授权发明
63	CN201410147676.3	一种难燃木材及其制备方法和应用	2014-04-14	杭州好迪装饰家私有限公司	授权	授权发明
64	CN201110304245.X	一种防火门内芯材料及其制造方法	2011-10-10	上海汇豪木门制造有限公司	授权	授权发明
65	CN201210569268.8	实木覆铜节能门窗型材及其制作方法	2012-12-25	浙江研和新材料股份有限公司	授权；权利转移	授权发明
66	CN201410203844.6	木结构建筑外门用金属泛水板加工工艺	2014-05-15	沈一军、台州学院	未缴年费	授权发明
67	CN201410322179.2	一种钢木防火门	2014-07-08	重庆宏杰门业有限责任公司	授权	授权发明
68	CN201410155800.0	一种隔声门及其制造安装方法	2014-04-17	江苏声望声学装备有限公司	授权	授权发明
69	CN201410248938.5	一种铝木复合门窗的角合页及一种铝木复合门窗	2014-06-07	合生（山东）门窗系统有限公司	授权；权利转移	授权发明
70	CN201310674113.5	实木门套线	2013-12-13	杨爱军	未缴年费	授权发明
71	CN201210467109.7	带有泡沫塑料保温型材的内开实木窗	2012-11-19	哈尔滨森鹰窗业股份有限公司	授权	授权发明
72	CN201410152781.6	一种木包铝门窗及其加工工艺	2014-04-16	北京市腾美骐科技发展有限公司	授权	授权发明
73	CN201310511037.6	暗藏五金转轴检修门	2013-10-28	苏州金螳螂建筑装饰股份有限公司	授权	授权发明
74	CN201310180550.1	一种木塑室内制品PVC共挤复合材料及PVC共挤包覆工艺	2013-05-16	宜昌盼盼木制品有限责任公司	授权	授权发明
75	CN201210524294.9	一种铝木复合异形门窗用铝合金型材	2012-12-10	河北奥润顺达窗业有限公司	授权	授权发明
76	CN201210464605.7	一种带有发泡塑料的外开实木保温窗	2012-11-16	哈尔滨森鹰窗业股份有限公司	授权	授权发明
77	CN201310557768.4	一种门窗角部连接塑钢型材	2013-11-11	浙江瑞明节能科技股份有限公司	授权	授权发明
78	CN201110439146.2	一种重竹装甲门	2011-12-23	浙江成竹新材料科技股份有限公司	未缴年费；权利转移	授权发明

（续）

序号	申请号	标题	申请日	专利权人	法律状态/事件	专利类型
79	CN201310219890.0	多木包铝复合型材	2013-06-05	华蓥市亿家门窗有限责任公司	未缴年费	授权发明
80	CN201310290358.8	铝木复合仿古门窗	2013-07-11	杨永斌	授权	授权发明
81	CN201210008022.3	一种木纤维复合材料制作的整体式木门	2012-01-11	宁波大世界家具研发有限公司	授权	授权发明
82	CN201310569870.6	一种新型钢木门框及其安装方法	2013-11-13	上海麦威迪实业有限公司	未缴年费	授权发明
83	CN201210139396.9	一种挂扣式铝木复合门窗	2012-05-05	广亚铝业有限公司	授权	授权发明
84	CN201310253194.1	通过45度连接件进行门套线连接的门套	2013-06-24	博洛尼智能科技（青岛）有限公司	授权；权利转移	授权发明
85	CN201310225309.6	一种新型门窗型材的角部连接结构	2013-06-05	浙江瑞明节能科技股份有限公司	授权	授权发明
86	CN201310406358.X	一种钢木门	2013-09-09	广东恒闻建材有限公司	授权；权利转移	授权发明
87	CN201410177338.4	复合木门及其制造方法	2014-04-29	邹仕理	授权	授权发明
88	CN201110423767.1	复合式节能门窗框或门窗扇框及成型方法	2011-12-17	欧创塑料建材（浙江）有限公司	未缴年费	授权发明
89	CN201210460062.1	木—泡沫板—木复合的内开保温窗	2012-11-15	哈尔滨森鹰窗业股份有限公司	授权	授权发明
90	CN201310005990.3	一种绿色防火门芯及其制造方法和防火门	2013-01-08	邝钜炽、梁志昌、佛山市科成先进防火材料科技有限公司	授权	授权发明
91	CN201210426017.4	防火泡沫混凝土门芯板及其制备方法	2012-10-31	河南永立建材有限公司	授权	授权发明
92	CN201310386268.9	一种标准化加工的组合式门框及组合方法	2013-08-29	广东圣堡罗门业有限公司	授权；质押	授权发明
93	CN201310173927.0	一种便于标准化加工的组合式门框	2013-05-10	广东圣堡罗门业有限公司	授权	授权发明
94	CN201210480882.7	一种防火折边贴面成品木门与暗门套连接结构	2012-11-23	深圳市建艺装饰集团股份有限公司	授权；权利转移	授权发明
95	CN201310448957.8	一种木铝复合式门窗	2013-09-28	四川德丰金属材料有限公司	授权	授权发明
96	CN201310116492.6	生态门及制作方法	2013-04-07	张福贵	未缴年费；权利转移	授权发明
97	CN201010160671.6	木质防火门叶及门框的制作方法	2010-04-26	湖南省新华防火装饰材料有限公司	未缴年费；权利转移	授权发明
98	CN201310095442.4	新型防火门芯的发泡填充材料	2013-03-25	曹大庆	授权	授权发明
99	CN201210464660.6	内外开组合式门窗	2012-11-15	百乐（杭州）建材有限公司	授权	授权发明

（续）

序号	申请号	标题	申请日	专利权人	法律状态/事件	专利类型
100	CN201210436019.1	一种新型无机防火门及其制造方法	2012-10-26	海宁高新区科创中心有限公司	授权；权利转移	授权发明
101	CN201210427372.3	一种带图像传感器的双层电击灭蚊门	2012-10-31	苏师大半导体材料与设备研究院（邳州）有限公司	授权；权利转移	授权发明
102	CN201210250414.0	一种仿木质聚氨酯门及其制备方法	2012-07-19	黄吉力	授权	授权发明
103	CN201210239811.8	多层实木一体原木门	2012-07-12	辽宁艾森木业有限公司	授权；权利转移	授权发明
104	CN200810246799.7	上拱形木制套装门及上拱弧形上门套板的制作工艺	2008-12-31	邹用军	授权	授权发明
105	CN200880020248.7	具有被控的水—蒸汽透过性的声学隔音材料和用于制造该材料的方法	2008-04-10	西里厄斯能源股份有限公司	授权	授权发明
106	CN201210056230.0	提高木质复合门稳定性的方法	2012-03-06	江山欧派门业股份有限公司	授权；权利转移	授权发明
107	CN201210040197.2	竹木基内衬塑料门窗的制备方法	2012-02-22	浙江大学	授权	授权发明
108	CN201210017137.9	一种木质隔音门及其制造方法	2012-01-19	德华兔宝宝装饰新材股份有限公司	授权	授权发明
109	CN201210055941.6	减小木质复合门装饰应力的方法	2012-03-06	河南恒大欧派门业有限责任公司	授权；许可；权利转移	授权发明
110	CN201210041245.X	断桥隔热铝合金——木塑复合门窗的制备方法	2012-02-22	浙江大学	授权	授权发明
111	CN201110372390.1	铝木复合地弹门	2011-11-22	河北奥润顺达窗业有限公司	授权	授权发明
112	CN200880130310.8	具有可卷起门片的高速卷帘门	2008-06-06	阿尔巴尼国际公司	授权	授权发明
113	CN201010583032.0	浮雕套装门及其生产工艺	2010-12-10	福建省建瓯市东旭林业发展有限公司	未缴年费	授权发明
114	CN01811498.9	木材复合制品和制造反向模制的木材复合制品的方法	2001-01-09	梅森奈特公司	未缴年费	授权发明
115	CN201110441828.7	端头呈45度连接角的外木内铝内开门窗	2011-12-26	天津市万佳建筑装饰安装工程有限公司	授权	授权发明
116	CN201110338049.4	一种传热系数达到0.8以下的铝包木保温窗	2011-10-31	哈尔滨森鹰窗业股份有限公司	授权	授权发明
117	CN201110292955.5	一种金属门制造方法	2011-09-30	广州金宏拓门业有限公司	授权；权利转移	授权发明
118	CN201110131992.8	一种防火门门扇	2011-05-20	谭小菊	未缴年费	授权发明
119	CN201110066994.3	生态单页门	2011-03-18	湖南鑫美格新型装饰材料有限公司	未缴年费	授权发明

（续）

序号	申请号	标题	申请日	专利权人	法律状态/事件	专利类型
120	CN200780014398.2	耐用的金属化自粘层合物	2007-02-16	纳幕尔杜邦公司	未缴年费	授权发明
121	CN200880102794.5	玻璃窗的窗扉、或玻璃门的门扉、窗框或门框以及窗户系统	2008-08-06	优霓路喜股份公司	未缴年费	授权发明
122	CN201110146889.0	铝包木推拉门窗	2011-06-02	河北奥润顺达窗业有限公司	授权	授权发明
123	CN201110172782.3	门窗中梃	2011-06-23	浙江华夏杰高分子建材有限公司	授权	授权发明
124	CN201110146887.1	木质外固定铝材推拉门窗	2011-06-02	河北奥润顺达窗业有限公司	授权	授权发明
125	CN201110146888.6	木质推拉门窗	2011-06-02	河北奥润顺达窗业有限公司	授权	授权发明
126	CN200410007664.7	空心门、制造模制门面板的方法	1999-07-27	美森耐进户门公司	未缴年费；复审	授权发明
127	CN201010594299.X	木质防火门多功能饰面涂层	2010-12-19	江苏兴顺消防门业有限公司	授权；权利转移	授权发明
128	CN200910112288.0	一种实木门扇及其制作方法	2009-07-30	泉州嘉森木业有限公司	授权；权利转移	授权发明
129	CN201010191407.9	一种用秸秆、谷壳、木屑生产的门片	2010-06-01	汉寿县洞庭木业有限责任公司	未缴年费	授权发明
130	CN201010241230.9	一种三聚氰胺浸渍纸异型贴面压贴方法	2010-07-30	江山欧派门业股份有限公司	授权	授权发明
131	CN201010101516.7	一种实木复合门制造方法	2010-01-27	余奕君	未缴年费	授权发明
132	CN200910266725.4	一种大幅面防腐实木门	2009-12-30	德华兔宝宝装饰新材股份有限公司	授权	授权发明
133	CN200810230671.1	一种复合门	2008-10-30	王建平	未缴年费	授权发明
134	CN200710093131.9	一种断热桥实腹钢门窗复合型材及其制造方法	2007-12-14	重庆华厦门窗有限责任公司	授权	授权发明
135	CN201010226221.2	一种木覆铝式门窗系统	2010-07-13	浙江瑞明节能科技股份有限公司	授权	授权发明
136	CN201110077949.8	一种新型实木复合门	2011-03-30	浙江瑞明节能科技股份有限公司	授权	授权发明
137	CN201010003523.3	用于滑动门的型材系统	2010-01-12	空间加有限公司及两合公司	未缴年费	授权发明
138	CN201010510980.1	一种门用复合防火板及其制作方法	2010-10-19	宿迁新缘林木业有限公司	未缴年费	授权发明
139	CN200910130033.7	一种板材	2009-04-03	王连栋	未缴年费；诉讼	授权发明
140	CN200910189652.3	一种艺术夹板门门板板材及其成型方法	2009-08-26	深圳市松博宇科技股份有限公司	授权；权利转移	授权发明

（续）

序号	申请号	标题	申请日	专利权人	法律状态/事件	专利类型
141	CN200810179689.3	墙壁、门或窗户组件	2008-12-05	空间加有限公司及两合公司	未缴年费	授权发明
142	CN201010253327.1	一种纯木内开节能门窗系统	2010-08-13	浙江瑞明节能科技股份有限公司	授权	授权发明
143	CN200910115984.7	一种门	2009-08-13	嘉善唯家实业有限公司	未缴年费；权利转移	授权发明
144	CN201010210495.2	一种木门的制作工艺	2010-06-28	成都天成盛木门业有限公司	未缴年费	授权发明
145	CN200810100624.5	铝木榫镶分体复合外平开门窗	2008-05-08	上海迪探节能科技有限公司	授权；权利转移	授权发明
146	CN201010240395.4	无芯木质隔热防火门	2010-07-30	成都金典金属有限公司	未缴年费	授权发明
147	CN200910030424.1	地轨式移门结构	2009-04-10	常熟中信建材有限公司	授权	授权发明
148	CN200910210082.1	贴实木皮的组合式玻璃纤维增强复合材料门及生产方法	2009-11-04	秦皇岛美威门业有限公司	未缴年费	授权发明
149	CN201010257627.7	一种纯木外开节能门窗系统	2010-08-18	浙江瑞明节能科技股份有限公司	授权	授权发明
150	CN200710041740.X	双扇防盗防火安全门	2007-06-07	上海汇豪木门制造有限公司	授权	授权发明
151	CN200610136426.5	一种工艺木门及其制造方法	2006-10-20	田崇宝	未缴年费	授权发明
152	CN200610032438.3	木质防火门叶及门框	2006-10-19	杨新华	未缴年费	授权发明
153	CN200910030423.7	移门结构	2009-04-10	常熟中信建材有限公司	授权	授权发明
154	CN200680043545.4	框架结构以及用于制造该框架结构的方法	2006-11-21	VKR控股公司	未缴年费	授权发明
155	CN200710131966.9	一种无机不燃型耐火门的加工方法	2007-09-11	马友成	授权	授权发明
156	CN200510047733.1	一种木面钢芯组合式防盗门框及其安装方法	2005-11-17	刁宏伟	未缴年费	授权发明
157	CN200810050281.6	不变形开裂的实木门	2008-01-22	王业华	未缴年费	授权发明
158	CN200710010569.6	一种组合式木面钢芯防盗门框及其安装方法	2007-03-13	刁宏伟	未缴年费	授权发明
159	CN200710121918.1	木门窗框型材的制造方法及利用该型材组装木门窗的方法	2007-09-18	北京市木材厂有限责任公司	未缴年费	授权发明
160	CN200410085134.4	由一种木质合成材料制造的模压门贴面	1998-04-09	美森耐进户门公司	未缴年费	授权发明
161	CN200710010746.0	一种仿嵌板式门扇及其加工方法	2007-03-28	刁宏伟	未缴年费	授权发明

（续）

序号	申请号	标题	申请日	专利权人	法律状态/事件	专利类型
162	CN200480004384.9	门板表层，蚀刻板的方法以及该方法形成的蚀刻板	2004-01-16	麦森尼特公司	未缴年费	授权发明
163	CN200610047910.0	一种木质门板的加工方法	2006-09-27	费恺	未缴年费	授权发明
164	CN03825627.4	一种使用由木屑所制成的骨架的中空门制造方法	2003-04-11	马来西亚木器（新）有限公司	未缴年费	授权发明
165	CN200810046396.8	装配式铝木节能门窗	2008-10-28	詹庆富	授权	授权发明
166	CN200580034549.1	用于防火门的复合层板	2005-10-08	巴斯福股份公司	授权	授权发明
167	CN03824017.3	双面门板装置	2003-08-20	玛索尼特国际公司	未缴年费	授权发明
168	CN200510053642.9	门	2005-03-09	特立倪体玻璃国际公司	授权；权利转移	授权发明
169	CN200410037475.4	门	2004-04-29	特立倪体玻璃国际公司	授权；权利转移	授权发明
170	CN01821523.8	镶面凸板元件及其制造方法	2001-12-12	霍尔曼公司	未缴年费	授权发明
171	CN02148173.3	制造门面板、空心门及模制木质纤维板坯的方法和装置	1998-04-27	玛索尼特国际公司	未缴年费	授权发明
172	CN200410000225.3	防火门及其制作方法	2004-01-08	河南省新郑青莲电力防腐有限公司	未缴年费	授权发明
173	CN03145973.0	一种防火、隔音安全门及其生产制造方法	2003-07-18	北京太空板业股份有限公司	授权；权利转移	授权发明
174	CN200310115073.7	防火轻实板的制造方法	2003-11-26	蔡松山	未缴年费；权利转移	授权发明
175	CN03178760.6	贴面木门及其门框内侧线条的贴面方法	2003-07-18	梦天家居集团（庆元）有限公司	授权；权利转移	授权发明
176	CN02138484.3	高耐火木质防火门生产方法	2002-10-24	南京林业大学、福建佳日消防器材制造有限公司	未缴年费	授权发明
177	CN98806095.7	由一种木质合成材料制造模压门贴面的方法	1998-04-09	美森耐进户门公司	未缴年费	授权发明
178	CN01113781.9	装配式门套骨架及门套	2001-07-12	董志建	未缴年费	授权发明
179	CN01123848.8	雕花木门的制造方法	2001-08-03	政达木业有限公司	未缴年费	授权发明
180	CN00800712.8	防火门或防火窗	2000-07-19	道尔玛有限公司和两合公司	未缴年费	授权发明
181	CN99810413.2	将平坦木制复合材料制成模制门面板的方法及由此制得的门面板和门	1999-07-27	美森耐进户门公司	未缴年费	授权发明
182	CN98804484.6	木质纤维板的模制方法和装置	1998-04-27	玛索尼特国际公司	未缴年费	授权发明
183	CN00105666.2	建筑模板	2000-04-14	株式会社久门工务店	未缴年费	授权发明
184	CN95197605.2	防火多层结构制品及具有该制品的防火门	1995-05-19	比尔科公司	未缴年费	授权发明

（续）

序号	申请号	标题	申请日	专利权人	法律状态/事件	专利类型
185	CN96100386.3	轻体木质防火门	1996-01-17	王树升	未缴年费；权利转移	授权发明
186	CN95101157.X	门式框架的改进结构	1995-01-11	李鸿泰	期限届满	授权发明
187	CN95100001.2	具有饰纹门板的制造方法	1995-02-25	谢勇成	未缴年费	授权发明

对发明专利的标题进行词云和专利地图分析（图 8-7、图 8-8），主要针对技术功效词频，手工删除其他无关词汇，数据分析显示：中国木质门相关技术发明专利主要涉及木质门的制造方法（制造工艺）、复合门、铝木门、防火门、实木门、门窗系统、连接件、防盗门、装饰面、雕刻层、包木门、防火层、阻燃和模制等。

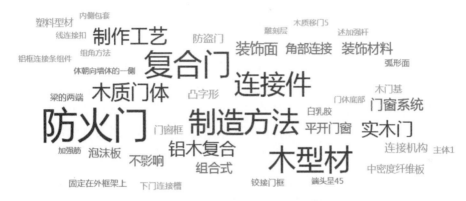

图 8-7 中国木质门相关技术发明专利标题功效词云

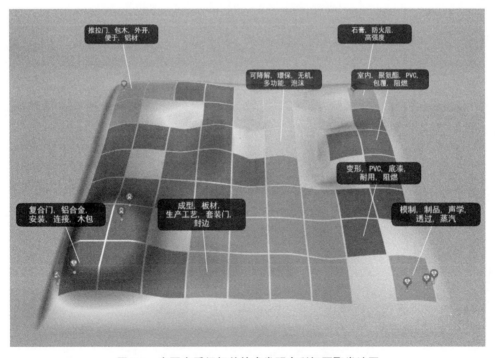

图 8-8 中国木质门相关技术发明专利标题聚类地图

8.7　本章小结

从发展趋势来看，1990 年中国开始有木质门相关技术专利公开，但 2006 年前专利申请量并不多，2007—2017 年，为专利的快速增长期。

从专利技术广度来看，中国木质门专利主要技术领域除了 E06B，还涉及的主要技术领域依次是层状产品即由扁平的或非扁平的薄层（B32B）；门、窗或翼扇的铰链或其他悬挂装置；使翼扇移到开启或关闭位置的器件（E05F）；门锁（E05B）；产生装饰效果的工艺（B44C）；木材加工、特种木制品的制造（B27M）。

从国内申请人省份统计来看，浙江最多，其次是江苏和广东。除黑龙江省外，各省发明专利数量都小于实用新型专利数量。

从国内主要的专利权人来看，排名前 5 的公司依次是浙江瑞明节能科技股份有限公司、江山显进机电科技服务有限公司、黑龙江华信家具有限公司、哈尔滨森鹰窗业股份有限公司和河北奥润顺达窗业有限公司。

从专利权人的分析来看，各个木质门企业除了浙江瑞明节能科技股份有限公司有 2 条国际专利申请外，其他申请人没有海外布局，这可能与技术水平和市场需要因素有关。相对于企业申请人，个人申请人更不注重专利的维护，绝大多数专利处于无效状态。

从中国木质门的发明申请文本和授权文本量来看，中国越来越重视木质门发明专利的质量。

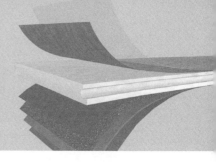

第九章 重点专利分析与展示

9.1 全球高被引专利

一件专利被后来的专利引用的次数越多，说明该专利对后来的技术发展影响越大，处于核心位置，比较重要。按被引证次数排序，形成全球木质门相关技术高被引专利列表，所列被引证次数 20 次以上的专利共 200 件（表 9-1）。数据分析表明，这些高被引专利中，同族成员数量在 5 个及 5 个以上的共 79 个，占高被引专利总量的 39.5%；同族成员数量在 10 个及 10 个以上的共 55 个，占高被引专利总量的 27.5%，表明高被引专利的拥有者注重专利的全球布局。

表 9-1 全球木质门相关技术高被引专利列表

排序	公开号	标题	申请日期	失效/有效	终属母公司	同族数（个）	被引次数（次）
1	US5486553A	Advanced polymer/wood composite structural member	1994-04-07	Dead	SILVER LINING BUILDING PRODUCTS LLC；ANDERSEN CORPORATION	7	208
2	US5539027A	Advanced polymer/wood composite structural member	1994-10-20	Dead	SILVER LINING BUILDING PRODUCTS LLC；ANDERSEN CORPORATION	7	172
3	US5074087A	Doors of composite construction	1990-10-10	Dead	PEASE CO	1	162
4	US4716700A	Door	1986-12-23	Dead	PELLA CORP	2	161
5	US6271156B1	Fire-resistant core for a combustible fire-rated panel	1998-09-22	Dead	CHARTER MEDICAL LTD；LYDALL INC	1	141
6	US5016414A	Imitated carved wooden door having three-dimensional panel structure	1990-07-08	Dead	WANG G C	1	124
7	US4343127A	Fire door	1981-01-15	Dead	KOCH INDUSTRIES INC	1	120
8	US6265037B1	Polyolefin wood fiber composite	1999-04-16	Dead	SILVER LINING BUILDING PRODUCTS LLC；ANDERSEN CORPORATION	14	119

（续）

排序	公开号	标题	申请日期	失效/有效	终属母公司	同族数（个）	被引次数（次）
9	US5543234A	Molded wood composites having non-blistering profile with uniformpaintability and nesting	1994-06-20	Dead	MASONITE INTERNATION-AL CORP.	8	117
10	US5526857A	Method of manufacture of ve-neered door with raised panel	1995-06-06	Dead	FORMAN A S	1	116
11	US5219634A	Single compression molded moisture resistant wood panel	1991-01-14	Dead	FORMHOLZ INC	1	114
12	US5601888A	Fire-resistant members con-taining gypsum fiberboard	1995-02-14	Dead	GEORGIA-PACIFIC GYPSUM LLC DELAWARE LIMITED LIABILITY COMPANY；GP CELLULOSE GMBH ZUG SWITZERLAND LIMITED LIABILITY COMPANY；GEORGIA-PACIFIC COR-RUGATED LLC DELAWARE LIMITED LIABILITY COM-PANY；COLOR-BOX LLC DELAWARE LIMITED LIA-BILITY COMPANY；GEOR-GIA-PACIFIC CHEMICALS LLC DELAWARE LIMITED LIABILITY COMPANY；GEORGIA-PACIFIC CON-SUMER PRODUCTS LP DELAWARE LIMITED LIA-BILITY COMPANY；DIXIE CONSUMER PRODUCTS LLC DELAWARE LIMITED LIABILITY COMPANY；GEORGIA-PACIFIC LLC DELAWARE LIMITED PARTNERSHIP；GEOR-GIA-PACIFIC WOOD PRODUCTS LLC DELA-WARE LIMITED LIABILITY COMPANY	1	113
13	US6682789B2	Polyolefin wood fibercompos-ite	2001-06-27	Dead	SILVER LININGBUILDING PRODUCTS LLC；ANDERS-EN CORPORATION	14	111

（续）

排序	公开号	标题	申请日期	失效/有效	终属母公司	同族数（个）	被引次数（次）
14	US5945208A	Fire-resistant gypsum building materials	1995-06-07	Dead	GEORGIA-PACIFIC CHEMICALS LLC DELAWARE LIMITED LIABILITY COMPANY；GEORGIA-PACIFIC LLC DELAWARE LIMITED PARTNERSHIP；COLORBOX LLC DELAWARE LIMITED LIABILITY COMPANY；GEORGIA-PACIFIC GYPSUM LLC DELAWARE LIMITED LIABILITY COMPANY；GEORGIA-PACIFIC WOOD PRODUCTS LLC DELAWARE LIMITED LIABILITY COMPANY；GEORGIA-PACIFIC CORRUGATED LLC DELAWARE LIMITED LIABILITY COMPANY；GEORGIA-PACIFIC CONSUMER PRODUCTS LP DELAWARE LIMITED LIABILITY COMPANY；DIXIE CONSUMER PRODUCTS LLC DELAWARE LIMITED LIABILITY COMPANY；GP CELLULOSE GMBH ZUG SWITZERLAND LIMITED LIABILITY COMPANY	14	107
15	US4327535A	Door with glass panel	1980-02-21	Dead	WEATHER SHIELD INC；THE PEACHTREE COMPANIES INC；SCHIELD BROS INC；SNE ENTERPRISES INC；SNE TRANSPORTATION COMPANY INC；WEATHER SHIELD EXPORT INC；WEATHER SHIELD TRANSPORTATION LTD；WEATHER SHIELD MFG INC；PEACHTREE DOORS AND WINDOWS INC；SNE SPECIAL SERVICES INC	1	105
16	US6619005B1	Molded doors with large glass insert	2002-04-16	Alive	FORMOSA PLASTICS CORPORATION	1	103
17	US4643787A	Method of making anembossed panel door	1985-05-03	Dead	VERSATUBE CORP	1	102

（续）

排序	公开号	标题	申请日期	失效/有效	终属母公司	同族数（个）	被引次数（次）
18	US3512304A	Insulated panel door	1968-08-01	Dead	MORGAN PROD LTD	1	101
19	US6668499B2	Fire door or window	2001-03-20	Dead	BRANDSCHUTZ SYSTEME GMBH	22	94
20	US5439749A	Composite wood structure	1994-08-18	Dead	ANDERSEN CORPORATION	4	93
21	US5347780A	Gypsum fiberboard door frame	1992-08-20	Dead	KOCH INDUSTRIES INC	10	93
22	US6066680A	Extrudable composite of polymer and wood flour	1999-04-15	Dead	GENERAL ELECTRIC COMPANY ADMINISTRATIVE AGENT AS SUCCESSOR BY MERGER	16	89
23	US5847016A	Polymer and wood flour composite extrusion	1996-11-12	Dead	GENERAL ELECTRIC COMPANY ADMINISTRATIVE AGENT AS SUCCESSOR BY MERGER	16	86
24	US6688063B1	Wood core exterior door with mortise lock	2001-07-24	Dead	LARSON MFG CO	1	82
25	US5305577A	Fire-resistant structure containing gypsum fiberboard	1992-11-10	Dead	KOCH INDUSTRIES INC	1	82
26	US6312540B1	Method of manufacturing a molded door skin from a flat wood composite, door skin produced therefrom, and door manufactured therewith	1999-01-14	Dead	MASONITE INTERNATIONAL CORP	46	80
27	US6680090B2	Polyolefin wood fiber composite	2001-04-03	Dead	SILVER LINING BUILDING PRODUCTS LLC；ANDERSEN CORPORATION	2	79
28	US4746555A	Fire retardant composition	1987-02-26	Dead	RADIXX/WORLD LTD	2	78
29	US6745526B1	Fire retardant wooden door with intumescent materials	2003-04-16	Dead	AUTOVINO E	1	78
30	US4748771A	Fire door	1985-07-30	Dead	KOCH INDUSTRIES INC	1	76
31	US4146662A	Warp and weather resistant solid core wood door and method of making	1978-01-30	Dead	JELD-WEN INC	2	74
32	US5171366A	Gypsum building product	1989-10-12	Dead	KOCH INDUSTRIES INC	14	73
33	US5522195A	Energy-efficient fire door	1993-11-15	Dead	BARGEN T J	3	73

（续）

排序	公开号	标题	申请日期	失效/有效	终属母公司	同族数（个）	被引次数（次）
34	US6073419A	Method of manufacturing a molded door skin from a wood composite, door skin produced therefrom, and door manufactured therewith	1997-10-02	Dead	MASONITE INTERNATIONAL CORP	29	72
35	US20030200714A1	High performance door	2002-04-24	Dead	TRACTO-TECHNIK GMBH & CO KG	7	71
36	US5155959A	Firedoor constructions including gypsum building product	1991-05-14	Dead	KOCH INDUSTRIES INC	14	70
37	US4489121A	Fire-resistant sandwich core assembly	1983-03-29	Dead	FIREGUARD ARCHITECTURAL DOOR INC	2	67
38	US7059092B2	Fire-resistant wood assemblies for building	2003-02-25	Alive	WASHINGTON HARDWOODS AND ARCHITECTURAL PRODUCTS INC.	10	67
39	US4930276A	Fire door window construction	1989-07-11	Dead	MESTEK INC	2	66
40	US4702054A	Door with raised panels	1987-02-20	Dead	LACY DIVERSIFIED INDUSTRIES LTD; TRULINE MANUFACTURING INC A CORP OF OR	2	66
41	US5951927A	Method of making a polymer and wood flour composite extrusion	1998-04-09	Dead	GENERAL ELECTRIC COMPANY ADMINISTRATIVE AGENT AS SUCCESSOR BY MERGER	16	65
42	US6389768B1	Molded plastic door skin	1999-07-27	Dead	RENIN CORP US	3	64
43	US5916077A	Composite fire-proof, heat-barrier door	1997-02-20	Dead	CHUAN MAU PRODUCTS LTD	1	63
44	US20030033786A1	Fire door assembly	2001-08-17	Dead	YULKOWSKI L	1	63
45	EP688639A2	Composites debois moulés et emboîtables ayant un profilé non-poreux avec une aptitude à recevoir une peinture uniforme; Geformte, stapelbare holz-komposite mit einem blasenfreien profil mit einheitlicher lackierfähigkeit; Molded wood composites having non-blistering profile with uniform paintability and nesting	1995-06-14	Dead	MASONITE INTERNATIONAL CORP	8	61

（续）

排序	公开号	标题	申请日期	失效/有效	终属母公司	同族数（个）	被引次数（次）
46	US20040139673A1	Door skin, a method of etching a plate for forming a wood grain pattern in the door skin, and an etched plate formed therefrom	2003-01-17	Alive	MASONITE INTERNATIONAL CORP	13	60
47	US3994110A	Three hour fire resistant door, panel or building element, and method of manufacturing the same	1975-04-10	Dead	INTERNATIONAL PAPER CO；GEORGIA-PACIFIC CORPORATION A GA CORP	1	59
48	US5020292A	Door construction	1990-06-22	Dead	SVENSK DOERRTEKNIK AB	11	59
49	US4908990A	Lumber door and method for manufacturing thereof	1988-10-14	Dead	SAMSUNG HEAVY INDUSTRIES LTD	4	58
50	US4282687A	Fire resistant structure	1979-09-11	Dead	JACMIR NOMINEES PTY	3	58
51	US4104828A	Solid door having edges of laminated pressed wood fiber sheet material	1977-05-26	Dead	WEYERHAEUSER CO	3	58
52	US5022206A	Entry door system	1990-01-19	Dead	WEATHER SHIELD EXPORT INC；THE PEACHTREE COMPANIES INC；SNE SPECIAL SERVICES INC；SCHIELD BROS INC；PEACHTREE DOORS AND WINDOWS INC；WEATHER SHIELD MFG INC；SNE TRANSPORTATION COMPANY INC；SNE ENTERPRISES INC；WEATHER SHIELD TRANSPORTATION LTD；WEATHER SHIELD INC	3	58
53	US6487827B2	Veneered raised panel element and method of manufacturing thereof	2000-12-29	Alive	HOLLMAN INC	16	57
54	US4567100A	Forced entry and ballistic resistant laminar structure	1983-08-22	Dead	UNITED STATES NAVY	2	55
55	EP586211A1	Elément de construction composite à base de polymère et bois；Verbundbauteil aus polymer und Holz；Advanced polymer/wood composite structural member	1993-08-27	Dead	ANDERSEN CORPORATION	7	54

（续）

排序	公开号	标题	申请日期	失效/有效	终属母公司	同族数（个）	被引次数（次）
56	US4844968A	Heat form pressed product and a method of heat form pressing	1987-04-14	Dead	POLIMA AB	17	53
57	US6185894B1	Wood doors and methods for fabricating wood doors	1999-01-14	Dead	SIMPSON DOOR CO	1	53
58	US6067699A	Method for assembling a multi-panel door	1997-08-25	Dead	JELD-WEN INC	1	51
59	US4812188A	Method for producing covering plate members for door or panel elements	1987-06-10	Dead	HANSEN HARDY V	9	50
60	US6299970B1	Fire-resistant gypsum fiberboard	1999-05-19	Dead	GP CELLULOSE GMBH ZUG SWITZERLAND LIMITED LIABILITY COMPANY；GEORGIA-PACIFIC CHEMICALS LLC DELAWARE LIMITED LIABILITY COMPANY；GEORGIA-PACIFIC CORRUGATED LLC DELAWARE LIMITED LIABILITY COMPANY；GEORGIA-PACIFIC CONSUMER PRODUCTS LP DELAWARE LIMITED LIABILITY COMPANY；GEORGIA-PACIFIC WOOD PRODUCTS LLC DELAWARE LIMITED LIABILITY COMPANY；GEORGIA-PACIFIC LLC DELAWARE LIMITED PARTNERSHIP；DIXIE CONSUMER PRODUCTS LLC DELAWARE LIMITED LIABILITY COMPANY；GEORGIA-PACIFIC GYPSUM LLC DELAWARE LIMITED LIABILITY COMPANY；COLOR-BOX LLC DELAWARE LIMITED LIABILITY COMPANY	14	50
61	US5586796A	Reinforcing devices for doors and door frames	1995-02-21	Dead	FRASER P E	4	50
62	US6588162B2	Reverse molded panel	2001-01-16	Alive	MASONITE INTERNATIONAL CORP	36	49
63	US6112496A	Metal and wood door with composite perimeter	1998-09-25	Dead	MARSHFIELD DOORSYSTEMS INC	3	48

（续）

排序	公开号	标题	申请日期	失效/有效	终属母公司	同族数（个）	被引次数（次）
64	US6615558B2	Door and sidelights with visually matching curves	2001-07-11	Dead	ANDERSEN CORPORATION	4	47
65	US4828004A	Door structure for garage doorways	1987-12-08	Dead	MARTINEZ CHRISTOPHER R	1	47
66	US5355654A	Simulated solid wood slab	1993-04-23	Dead	STANLEY K M	1	47
67	US6952903B2	Compression molded door assembly	2003-03-31	Dead	FORTUNE BRANDS HOME & SECURITY LLC	2	47
68	US6586085B1	Wood overlay section for carriage house door and method of making same	2001-02-22	Dead	1ST UNITED DOOR TECHNOLOGIES INC	1	46
69	US20010051243A1	Polyolefin wood fiber composite	2001-06-27	Dead	ANDERSEN CORPORATION	14	46
70	US6079183A	Method of manufacturing a molded door skin from a wood composite, door skin produced therefrom, and door manufactured therewith	1999-07-13	Dead	MASONITE INTERNATIONAL CORP	29	45
71	US5361552A	Wooden door assembly and door jamb assembly having an insulative foam core	1993-06-04	Dead	FULFORD M	1	45
72	US4704834A	Raised panel-style door	1986-11-24	Dead	LACY DIVERSIFIED INDUSTRIES LTD; TRULINE MFG INC	2	45
73	US7487591B2	Method of constructing a fire-resistant frame assembly	2006-05-03	Alive	WASHINGTON HARDWOODS AND ARCHITECTURAL PRODUCTS INC	10	44
74	US4152876A	Method of making and installing trimmable insulated steel faced entry door	1978-02-14	Dead	STANLEY BLACK & DECKER	1	43
75	US6609350B1	Laminated glass panel	2000-04-28	Alive	MOTOROLA SOLUTIONS INC	1	42
76	US5072547A	Combined aluminum and wood frame for windows and doors	1991-04-22	Dead	HELLER FINANCIAL INC	1	41
77	US4132042A	Door structure and method for forming such structure	1978-01-13	Dead	THERMA-TRU HOLDINGS INC	1	40
78	US6253527B1	Process of making products from recycled material containing plastics	1999-01-08	Dead	WESTLAKE CHEMICAL CORP; AXIALL CORP; ROYAL MOULDINGS LTD; GEORGIA GULF CORP	12	40
79	US6866081B1	Exterior door or window having extruded composite frame	2002-03-07	Dead	LARSON MFG CO SOUTH DAKOTA INC	1	40

（续）

排序	公开号	标题	申请日期	失效/有效	终属母公司	同族数（个）	被引次数（次）
80	US20010019749A1	Polyolefin wood fiber composite	2001-04-03	Dead	ANDERSEN CORPORATION; SILVER LINING BUILDING PRODUCTS LLC	2	40
81	US20010029714A1	Reverse molded panel	2001-01-16	Alive	MASONITE INTERNATIONAL CORP	36	40
82	US5798010A	Methods of preparing fire doors	1994-12-05	Dead	GEORGIA-PACIFIC WOOD PRODUCTS LLC DELAWARE LIMITED LIABILITY COMPANY; GEORGIA-PACIFIC GYPSUM LLC DELAWARE LIMITED LIABILITY COMPANY; COLOR-BOX LLC DELAWARE LIMITED LIABILITY COMPANY; GP CELLULOSE GMBH ZUG SWITZERLAND LIMITED LIABILITY COMPANY; DIXIE CONSUMER PRODUCTS LLC DELAWARE LIMITED LIABILITY COMPANY; GEORGIA-PACIFIC CORRUGATED LLC DELAWARE LIMITED LIABILITY COMPANY; GEORGIA-PACIFIC CONSUMER PRODUCTS LP DELAWARE LIMITED LIABILITY COMPANY; GEORGIA-PACIFIC CHEMICALS LLC DELAWARE LIMITED LIABILITY COMPANY; GEORGIA-PACIFIC LLC DELAWARE LIMITEDPARTNERSHIP	14	39
83	US20060267238A1	Polymer wood composite material and method of making same	2005-05-31	Dead	J & M MFG CO INC	7	39
84	US5873209A	Frame with integral environment resistant members	1997-04-22	Dead	ENDURA PROD INC	14	39
85	US5852910A	Raised panel door	1996-10-31	Dead	JELD-WEN INC	7	38
86	US4295299A	Steel clad wood door frame	1979-10-09	Dead	HARRIS TRUST & SAVING BANK	2	38
87	US5218807A	Wooden door assembly and door jamb assembly having an insulative foam core	1992-06-05	Dead	FULFORD M	1	37

（续）

排序	公开号	标题	申请日期	失效/有效	终属母公司	同族数（个）	被引次数（次）
88	US6141874A	Window frame welding method	1998-05-08	Dead	ANDERSEN CORPORATION	1	37
89	US4038801A	Device for connecting parts on walls and ceilings	1975-12-31	Dead	BUSCH GUNTER	14	36
90	US4265068A	Security panel door	1979-03-23	Dead	MORGAN PROD LTD	1	36
91	EP103048A2	Tuerblatt; Vantail de porte; Door leaf	1982-10-28	Dead	TURENFABRIK BRUNEGG AG	2	36
92	DE4221070A1	Terec-combi-kunststoffabfall-holz-halbholz-recycling zur herstellung von recycling-combi-produkten aus der terec-werkstoff-sicherung und -anwendung in der terec-recycling-technologie; recycling of waste plastics-to make boards, insulating materials, doors, etc	1992-06-16	Dead	SCHMID H	1	36
93	US6161343A	Wood rot preventing wood casing end grain moisture barrier assembly and method	1997-10-17	Dead	BASF SE	4	35
94	US20140000195A1	Gypsum composites used in fire resistant building components	2012-09-04	Alive	INTELLECTUAL GORILLA GMBH	2	35
95	US6665997B2	Edge inserts for stiles of molded doors	2002-02-05	Dead	FORMOSA PLASTICS CORPORATION	2	35
96	US8069625B2	Fire-resistant frame assemblies for building	2009-01-21	Alive	WASHINGTON HARDWOODS AND ARCHITECTURAL PRODUCTS INC	10	35
97	US7284352B2	Door skin, method of manufacturing a door produced therewith, and door produced therefrom	2003-11-12	Alive	MASONITE INTERNATIONAL CORP	2	35
98	US6412227B1	Composite door frames	2000-03-07	Dead	WESTLAKE CHEMICAL CORP	12	34
99	US5554433A	Fire rated floor door and control system	1995-02-10	Dead	BILCO CO	13	34
100	US5603194A	Apparatus forretrofitting an existing door to provide a fire rating to the unrated existing door	1995-09-25	Dead	2022697 ONTARIOLTD FIRE SAFETY TECHNOLOGY	3	34
101	US7367166B2	Door skin, a method of etching a plate, and an etched plate formed therefrom	2004-01-09	Alive	MASONITE INTERNATIONAL CORP	21	34

（续）

排序	公开号	标题	申请日期	失效/有效	终属母公司	同族数（个）	被引次数（次）
102	US20110131921A1	Synthetic door with improved fire resistance	2009-12-08	Dead	FORMOSA PLASTICS COR-PORATION	1	34
103	JP2004332401A	Fireproof/fire resistant panel and wooden fire door；A fire-preventing-and-fireproof panel and a wooden fire door	2003-05-08	Dead	SEKISUI CHEMICAL CO LTD；OOTSUKA KAGU KK	1	34
104	WO1998048992A1	Procede et dispositif permettant de mouler un panneau de fibres de bois；Method and device for the moulding of wood fibre board	1998-04-27	Dead	PINTU ACQUISITION CO INC	38	33
105	US4364987A	Fire door construction	1981-08-27	Dead	B C MILLWORK LTD A COMPANY OF BRITISH CO-LUMBIA	4	33
106	US4271649A	Structural panel	1979-04-09	Dead	120528 CANADA INC	2	33
107	US5088255A	Window and door glazing system	1991-01-10	Dead	LINCOLN WOOD PROD I	1	33
108	US7883763B2	Acoustical sound proofing material with controlled water-vapor permeability and methods for manufacturing same	2007-04-12	Alive	PACIFIC COAST BUILDING PROD INC	13	33
109	US5469903A	Method of making simulated solid wood slabs and resulting solid wood slab	1994-10-07	Dead	STANLEY K	1	33
110	EP1190825A2	Dünnwandiges, dreidimensional geformtes Halbzeug oder Fertigteil；Produit fini ou semi-fini moulé, tridimensionnel, à paroi mince；Thin-walled three-dimensional molded semi-finished or finished article	2001-07-25	Dead	UNITED STATES DEPART-MENT OF VETERANS AF-FAIRS	5	33
111	US20050217206A1	Door, deep draw molded door facing, and methods of forming door and facing	2005-01-14	Dead	MASONITE INTERNATION-AL CORP	16	33
112	US4505080A	Door or window frame assembly	1983-10-14	Dead	SAILOR V R	1	32

（续）

排序	公开号	标题	申请日期	失效/有效	终属母公司	同族数（个）	被引次数（次）
113	WO1987002407A1	Procede de fabrication de portes et d'autres elements a panneaux presentant une surface en relief, notamment des portes a panneaux imiteeset procede de fabrication d'une plaque de recouvrement a cet effet; A method of producing doors or other panel elements having a relief surface, notably imitated panelled doors, and a method of producing a cover plate member therefor	1986-10-10	Dead	HANSEN H V	9	32
114	US20070074469A1	Entry door frame	2006-09-08	Dead	TECTON PROD LLC	1	32
115	US6729095B2	Refined assembly structure ofhubbed door leaf installed with glass	2001-05-14	Alive	FORMOSA PLASTICS CORPORATION	8	32
116	EP2189612A2	Feuersichere Türverkleidungsstruktur; Structure de panneau de porte résistante au feu; A fireproof door panel structure	2009-11-24	Alive	FORMOSA PLASTICS CORPORATION	11	32
117	GB2183706A	Door	1985-12-07	Dead	HUNT D	2	31
118	US5163493A	Goods-handling door made up of rigid panels	1991-07-23	Dead	ASSA ABLOY AB	10	31
119	US7021015B2	Reverse molded plant-on panel component, method of manufacture, and method of decorating a door therewith	2003-03-28	Dead	MASONITE INTERNATIONAL CORP	5	31
120	US5918434A	Simulated panel door structure and method	1997-06-06	Dead	JELD-WEN INC	1	30
121	US5771656A	Fiberboard doors	1996-06-05	Dead	CONNOISSEUR DOORS	1	30
122	US20010051242A1	Polyolefin wood fiber composite	2001-06-27	Dead	ANDERSEN CORPORATION; SILVER LINING BUILDING PRODUCTS LLC	14	30
123	US20040074186A1	Reverse molded panel, method of manufacture, and door manufactured therefrom	2002-10-04	Alive	MASONITE INTERNATIONAL CORP	2	29
124	US20050118401A1	Decorative laminated safety glass utilizing a rigid interlayer and a process for preparing same	2004-08-06	Dead	DUPONT DE NEMOURS INC	8	29

（续）

排序	公开号	标题	申请日期	失效/有效	终属母公司	同族数（个）	被引次数（次）
125	US6425222B1	Method and kit for repairing a construction component	1999-02-19	Dead	ENDURA PROD INC	20	29
126	US6397541B1	Decorative panel	1999-06-29	Dead	PARKTON INNOVATIONS INC	1	29
127	WO1991005744A1	Panneau de fibres structurel ignifuge, contenant du gypse；Gypsum-containing-fire-resistant structural fiber-board	1990-10-12	Dead	KOCH INDUSTRIES INC	14	29
128	US4330972A	Door jamb assembly	1980-07-24	Dead	PHILIPS INDUSTRIES INC A CORP OF OH	1	29
129	US4299060A	Insulated door and window construction	1979-08-24	Dead	LAKEVIEW WINDOW COR	5	29
130	US6681541B2	Fireproof door assembly structure	2001-07-09	Alive	FORMOSA PLASTICS COR-PORATION	7	29
131	US4509294A	Door frame assembly	1983-08-18	Dead	FLAMAND F LTEE	1	29
132	US5285608A	Door	1991-12-12	Dead	COSTELLO J	1	28
133	US6694696B2	Method and kit for repairing a construction component	2002-05-24	Dead	ENDURA PROD INC	20	28
134	US6988342B2	Door skin, a method of etching a plate for forming a wood grain pattern in the door skin, and an etched plate formed therefrom	2003-01-17	Alive	MASONITE INTERNATION-AL CORP	13	28
135	US4372094A	Process for simple, rapid andeconomical transformation of a window with a wooden or metal frame or a single pane frame into a window with a plurality of insulating panes	1980-06-23	Dead	BOSCHETTI GIOVANNI	8	28
136	US4630420A	Door	1985-05-13	Dead	PELLA CORP	1	28
137	US7337544B2	Method of forming a compos-ite door structure	2007-01-16	Alive	CCB RE HOLDINGS LLC	2	28
138	US20060207199A1	Fire door	2006-02-15	Alive	WARM SPRINGS COMPOS-ITE PROD	4	28
139	US4203255A	Fire-resistant composite wood structure particularly adapted for use in fire doors	1978-08-04	Dead	WEYERHAEUSER CO	4	28
140	US7823353B2	Door, method of making door, and stack of doors	2005-11-22	Dead	MASONITE INTERNATION-AL CORP	5	28

（续）

排序	公开号	标题	申请日期	失效/有效	终属母公司	同族数（个）	被引次数（次）
141	US20040035085A1	Double skin door apparatus	2003-06-09	Alive	MASONITE INTERNATIONAL CORP	25	28
142	US20010003889A1	Frames for steel clad doors and doors formed therewith	2000-12-14	Dead	WESTLAKE CHEMICAL CORP	4	28
143	US6446410B1	Component with integral environment resistant members	2000-07-21	Dead	ENDURA PROD INC	14	27
144	US4888918A	Fire-resistant door	1989-02-14	Dead	PEASE CO	1	27
145	US5584154A	Closure and sealing joint for incorporation in such a closure	1994-06-02	Dead	JELD-WEN INC	1	27
146	US6868644B2	Method and device for the molding of wood fiber board	2002-07-19	Dead	MASONITE INTERNATIONAL CORP	38	27
147	US7150130B2	Sliding door assembly	2002-07-09	Dead	PORTES PATIO RESIVER INC	4	27
148	WO1997022779A1	Fenetre ou porte formees d'un noyau compose de profiles contenant de la mousse；Fenster oder tür aus einem kern aus schaumstoff enthaltenden profilen；Window or door made from a core consisting of foam-containing sections	1996-12-14	Dead	SFS GROUP	7	26
149	US5438808A	Wood-surfaced door	1994-02-09	Dead	ALLEGHENY SINGER RESEARCH INSTITUTE	3	26
150	US4716705A	Natural wood surface treatment for an insulated door	1986-06-30	Dead	FORMANEK J L	1	26
151	US5950391A	Frame with integral environment	1998-08-06	Dead	ENDURA PROD INC	14	26
152	US7964051B2	Door skin, method of manufacturing a door produced therewith, and door produced therefrom	2007-10-22	Alive	MASONITE INTERNATIONAL CORP	2	25
153	US3731443A	Carved doors	1971-12-29	Dead	INDIAN CAPITOL PLASTICS INC	1	25
154	US4068433A	Wood-frame glass door unit	1976-05-06	Dead	GLOVER J R	1	25
155	US6068802A	Method for making foam filled doors and apparatus therefor	1998-07-24	Dead	MASONITE INTERNATIONAL CORP；PREMDOR INT INC	8	25

（续）

排序	公开号	标题	申请日期	失效/有效	终属母公司	同族数（个）	被引次数（次）
156	US20080041014A1	Door skin, method of manufacturing a door produced therewith, and door produced therefrom	2007-10-22	Alive	MASONITE INTERNATIONAL CORP	2	25
157	US4301187A	Panel	1979-10-22	Dead	BURCH J A LTD	2	25
158	US6481179B2	Frames for steel clad doors with jambs comprising a channel with spaced side walls and a bottom wall having integrally formed bracing connected to the walls at spaced points along the length	2000-12-14	Dead	WESTLAKE CHEMICAL CORP	4	25
159	US20140000196A1	Gypsum composites used in fire resistant building components	2012-09-11	Alive	INTELLECTUAL GORILLA GMBH	11	24
160	US7314534B2	Method of making multi-ply door core, multi-ply door core, and door manufactured therewith	2003-07-23	Dead	MASONITE INTERNATIONAL CORP	2	24
161	US4825615A	Door with light-transmitting panel	1987-06-19	Dead	WOODGRAIN MILLWORK INC	2	24
162	US7426806B2	Reverse molded panel, method of manufacture, and door manufacturedtherefrom	2002-10-04	Alive	MASONITE INTERNATIONAL CORP	2	24
163	US7669383B2	Fire door	2006-02-15	Alive	WARM SPRINGS COMPOSITE PROD	4	24
164	US20030005645A1	Fireproof door assembly structure	2001-07-09	Alive	FORMOSA PLASTICS CORPORATION	7	24
165	EP695847A1	Ensemble deprofilés mixtes métal-bois pour cadres de portes et fenêtres；Metall-Holz-verbundprofilsatz für Tür-und Fensterrahmen；Set of composite metal-wood sections for door-and window-frames	1995-07-28	Dead	NORSK HYDRO ASA	13	24
166	JP9300524A	Decorative panel	1996-05-17	Dead	DAI NIPPON PRINTING CO LTD	2	24

（续）

排序	公开号	标题	申请日期	失效/有效	终属母公司	同族数（个）	被引次数（次）
167	EP53104A1	Fenêtre ou porte et procédé pour la construction d'une fenêtre ou d'une porte；Fenster oder türe und verfahren zur herstellung eines fensters oder einer türe；Window or door and method for the construction of a window or a door	1981-07-10	Dead	MATAUSCHEK F	1	23
168	WO1997006942A1	Procede de fabrication de materiaux profiles utiles notamment pour fabriquer des portes et des fenetres；Verfahren zur herstellung von profilmaterial, insbesondere für die fensterund türproduktion；Process for producing profiled materials, in particular for door and window production	1996-08-16	Dead	MEETH E	20	23
169	US4148157A	Metal clad door	1976-11-15	Dead	FRANC PAUL	2	23
170	US6689301B1	Method of manufacturing a molded door skin from a wood composite, door skin produced therefrom, and door manufactured therewith	2000-06-26	Dead	MASONITE INTERNATIONAL CORP	29	23
171	US5660021A	Security of buildings and other structures	1995-09-18	Dead	TRUSSBILT INC	5	23
172	GB2085514A	Fire resistant door	1981-09-17	Dead	LAWRENCE W TRADING	2	23
173	EP159458A1	Procédé de production deprofilés mixtes bois-métal pour châssis de portes et fenêtres, et profilés obtenus avec ledit procédé；Herstellungsverfahren von holz-metall-profilen für fenster-und türrahmen, und mit diesem verfahren hergestellte profilen；production method for window and door frames wood-metal profiles, and relative profiles obtained with such a method	1984-04-26	Dead	CANDUSSO F LLI S R L BILICBORA	3	22
174	US20020092254A1	Refined assembly structure ofhubbed door leaf installed with glass	2001-05-14	Alive	FORMOSA PLASTICS CORPORATION	8	22

（续）

排序	公开号	标题	申请日期	失效/有效	终属母公司	同族数（个）	被引次数（次）
175	US6588163B2	Relief engraved doorplate	2001-07-17	Dead	TAIWAN SEMICONDUCTOR MANUFACTURING CO	4	22
176	US20090013636A1	Wood trim system	2007-08-21	Dead	WILSON BRYAN ALEXANDER	3	22
177	US7338612B2	Door skin, a method of etching a plate for forming a wood grain pattern in the door skin, and an etched plate formed therefrom	2006-01-09	Alive	MASONITE INTERNATIONAL CORP	2	22
178	US7856779B2	Method of manufacturing a molded door skin from a flat wood composite, door skin produced therefrom, and door manufactured therewith	2001-11-05	Dead	MASONITE INTERNATIONAL CORP	46	22
179	US4637182A	Windowed fire door	1986-04-07	Dead	MASONITE INTERNATIONAL CORP	1	22
180	US4756350A	Method of making a door with raised panels	1987-09-18	Dead	LACY DIVERSIFIED INDUSTRIES LTD; TRULINE MANUFACTURING INC A CORP OF OR	2	21
181	US5317853A	Expansion joint and spheres therefor	1989-09-25	Dead	LOPES R W	3	21
182	US3979869A	Insulated door construction and method of repairing the door	1975-06-30	Dead	REESE & SONS INSUL	1	21
183	US20120291377A1	Fire retardant biolaminate composite and related assembly	2012-04-24	Dead	MERCK KGAA （GERMANY）	7	20
184	US6122882A	Component with integral environment resistant members	1999-06-29	Dead	ENDURA PROD INC	14	21
185	US8097544B2	Rated fire frame and door frame / jamb	2009-02-20	Alive	FYREWERKS INC	2	21
186	US20060117691A1	Door skin, a method of etching a plate for forming a wood grain pattern in the door skin, and an etched plate formed therefrom	2006-01-09	Alive	MASONITE INTERNATIONAL CORP	2	21
187	DE3110155A1	Tuerzarge；Door frame	1981-03-16	Dead	RIEPE A；RIEPE H	10	21
188	GB2236346A	Insulated door and manufacturing method；Insulated door and manufacturing method	1989-09-28	Dead	PERMADOOR INT LTD	1	21

（续）

排序	公开号	标题	申请日期	失效/有效	终属母公司	同族数（个）	被引次数（次）
189	GB2036839A	Moulded panel and method of manufacturing a panel by moulding	1978-12-11	Dead	SHAPLAND LTD	1	20
190	EP8955A1	Construction du type coupe-feu；Feuerbeständiges Bauteil；A fire resistant structure	1979-09-10	Dead	JACMIR NOMINEES PTY	3	20
191	DE3107810A1	Profilstrang zur bildung von waermegedaemmten rahmen；Extruded profile for forming heat-insulated frames	1981-02-28	Dead	NAHR H	1	20
192	US7959817B2	Door skin, a method of etching a plate, and an etched plate formed therefrom	2008-03-25	Alive	MASONITE INTERNATIONAL CORP	21	20
193	US7897246B2	Nestable molded articles, and related assemblies and methods	2008-04-30	Alive	MASONITE INTERNATIONAL CORP	2	20
194	US4882877A	Residential door manufacture and installation	1989-01-23	Dead	PEASE CO	1	20
195	US6343438B1	Door frame and kit	1996-07-03	Dead	BAY IND INC	1	20
196	US20110265959A1	High speed rollup door with rollable door leaf	2011-07-20	Alive	ASSA ABLOY AB	27	19
197	US5653074A	Doorframe	1994-06-29	Dead	YOON S K	1	20
198	US20080251198A1	Acoustical sound proofing material with controlled water-vapor permeability and methods for manufacturing same	2007-04-12	Alive	PACIFIC COAST BUILDING PROD INC	13	20
199	CN103225468A	一种木塑玻璃门窗及其制备方法；A wood-glass door and window and preparation method thereof	2013-05-08	Dead	UNIV NORTHEAST FORESTRY	1	20
200	CN103089126A	一种绿色防火门芯及其制造方法和防火门；A green fireproof door core and its manufacturing method and fireproof door	2013-01-08	Alive	LIANG Z；FOSHAN KECHENG ADVANCED FIREPROOFING MATERIAL TECHNOLOGY CO	2	20

　　通过按全球木质门高被引专利申请量年度分布和主要受理国家来看，木质门相关技术的高被引次数专利在 1999 年、2001 年和 2003 年申请相对较多，申请量分别为 11 件、19 件和 10 件，其余年份数量较少。美国在高被引专利数量方面有绝对优势，专利量为 176 件(图 9-1、图 9-2)。

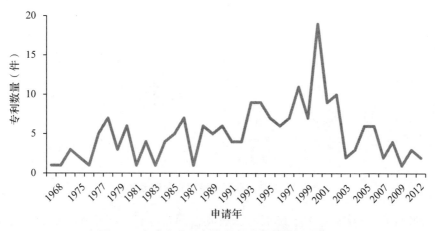

图 9-1　全球木质门高被引专利申请量年度分布

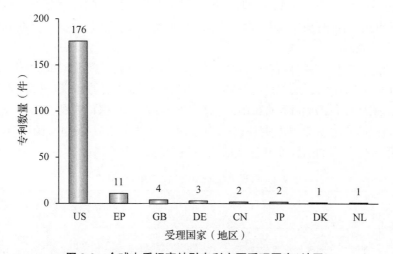

图 9-2　全球木质门高被引专利主要受理国家（地区）

通过高被引专利的申请人终属（母公司）来看，高被引专利申请较多的公司分别为：美森耐公司 MASONITE INTERNATIONAL CORP（28 件）、安德森公司 ANDERSEN CORP（12件）、台湾塑胶工业股份有限公司（FORMOSA PLASTICS CORPORATION）（8 件）、KOCH INDUSTRIES INC 公司（7 件）和 ENDURA PROD INC 公司（6 件）。

通过高被引专利的主题词聚类来看，高被引专利的研究热点主要集中在防火门、结构构件、木门外表面、木纤维、框架构件和木质复合等方向（图 9-3）。

木质门相关技术 200 件被引证最多的专利中，其中 36 件专利的法律状态为有效（Alive），这 36 件有效的高被引专利中，排名前 5 的专利公开号分别为"US6619005B1""US7059092B2""US20040139673A1""US6487827B2"和"US6588162B2"。其中，"US20040139673A1"和"US6588162B2"已经在前文分析。

9.1.1　重点专利"US6619005B1"分析

法律状态有效且被引证次数排名第 1 的是公开号为"US6619005B1"的专利，被引证103 次，终属的母公司是台湾塑胶工业股份有限公司（FORMOSA PLASTICS CORPORA-

图9-3 全球木质门高被引专利聚类分析

TION），公开日期为2003年9月16日，没有其他同族专利。该专利涉及带大玻璃嵌件的模压门，用于住宅和商业建筑的模制门，包括两片模制门皮，每个门皮均具有大的中央开口，带有一体的凸缘，该凸缘垂直于其平坦表面并围绕其相应的开口延伸。该专利的创新点是：所涉及的模制件避免了门组件的变形、挠曲和扭曲，这些变形、挠曲和扭曲可能会使大的玻璃嵌件脱落。

对该专利进行1代引证分析(表9-2)。分析结果表明除了南亚塑胶股份有限公司自引外，对"US6619005B1"引证最多的是日本的OTTO KK和瑞士的知识产权古里亚有限责任公司(INTELLECTUAL GORILLA GMBH)，日本的OTTO KK引证专利主要涉及门窗加固系统和模块。知识产权古里亚有限责任公司引证时间主要集中在2014—2016年间，知识产权古里亚有限责任公司的引证专利涉及防火材料和防火门。

表9-2 引证"US6619005B1"的专利列表

公开号	标题	申请号	申请日期	失效/有效	终属母公司
US10538459B2	Extruded cement based materials	US15315536A	2016-12-01	Alive	INTELLECTUAL GORILLA GMBH
US10442733B2	Lightweight thermal insulating cement based materials	US15116763A	2016-08-04	Alive	INTELLECTUAL GORILLA GMBH
US10435941B2	Fire rated door core	US15232899A	2016-08-10	Alive	INTELLECTUAL GORILLA GMBH
US10414692B2	Extruded lightweight thermal insulating cement-based materials	US14785968A	2015-10-21	Alive	INTELLECTUAL GORILLA GMBH
US10315386B2	Gypsum composites used in fire resistant building components	US15193274A	2016-06-27	Alive	INTELLECTUAL GORILLA GMBH
US10295248B2	Refrigerator with glass door	US15401908A	2017-01-09	Alive	AB ELECTROLUX
US10240089B2	Gypsum composites used in fireresistant building components	US15230774A	2016-08-08	Alive	INTELLECTUALGORILLA GMBH
US10196309B2	High temperature lightweight thermal insulating cement and silica based materials	US15029416A	2016-04-14	Alive	INTELLECTUAL GORILLA GMBH
US10145167B1	Closure member with decorative panel	US16054021A	2018-08-03	Alive	FORMOSA PLASTICS CORPORATION

（续）

公开号	标题	申请号	申请日期	失效/有效	终属母公司
US10119328B2	Frame structure for a window and a method for making a frame structure	US14400256A	2014-11-10	Alive	VKR HOLDINGS A/S
US10077597B2	Fire rated door	US14997812A	2016-01-18	Alive	INTELLECTUAL GORILLA GMBH
US10030433B1	Method for manufacturing insulated sectional door with extruded spacers	US15092066A	2016-04-06	Alive	SANWA HOLDINGS CORP
US9890083B2	Extruded gypsum-based materials	US14781832A	2015-10-01	Alive	INTELLECTUAL GORILLA BV; INTELLECTUAL GORILLA GMBH
US9701583B2	Expanded lightweight aggregate made from glass or pumice	US15272895A	2016-09-22	Alive	INTELLECTUAL GORILLA GMBH
US9683403B2	Closure assembly with a window and a method of making the same	US14825390A	2015-08-13	Alive	FORMOSA PLASTICS CORPORATION
US9482044B2	Forced entry resistance system for wooden doors and method for manufacturing doors with such system	US14597229A	2015-01-15	Alive	XEROX CORP
US9475732B2	Expanded lightweight aggregate made from glass or pumice	US14785987A	2015-10-21	Alive	INTELLECTUAL GORILLA GMBH
US9410361B2	Gypsum composites used in fire resistant building components	US14542930A	2014-11-17	Alive	INTELLECTUAL GORILLA GMBH
US9375899B2	Gypsum composites used in fire resistant building components	US13603405A	2012-09-04	Alive	INTELLECTUAL GORILLA GMBH
US9328550B1	Insulated commercial sectional door with extruded spacers	US13966131A	2013-08-13	Alive	SANWA HOLDINGS CORP
US9290989B2	Door with glass insert and method for assembling the same	US14445707A	2014-07-29	Alive	MASONITE INTERNATIONAL CORP
US9243444B2	Fire rated door	US13538828A	2012-06-29	Alive	INTELLECTUAL GORILLA GMBH
US9080372B2	Gypsum composites used in fire resistant building components	US14543122A	2014-11-17	Alive	INTELLECTUAL GORILLA BV
US9027296B2	Gypsum composites used in fire resistant building components	US14543001A	2014-11-17	Alive	INTELLECTUAL GORILLA GMBH
US8925249B2	Active sealing and securing systems for door/window	US2007756957A	2007-06-01	Alive	OTTO KK
US8915033B2	Gypsum composites used in fire resistant building components	US13610542A	2012-09-11	Alive	INTELLECTUAL GORILLA GMBH
US8881494B2	Fire rated door core	US13646292A	2012-10-05	Alive	POLYMER WOOD TECHNOLOGIES INC
USD714963S1	Door light frame	US2013445008F	2013-02-06	Alive	GLASSCRAFT DOOR CO

(续)

公开号	标题	申请号	申请日期	失效/有效	终属母公司
US8820032B2	Door with assembly of stiles and rails	US13676663A	2012-11-14	Alive	PROVIA DOOR INC
US8789330B2	Door with glass insert and method for assembling the same	US13210968A	2011-08-16	Dead	MASONITE INTERNATIONAL CORP
US8701346B2	Combined modular sealing systems and seal activation system for door/window	US13288354A	2011-11-03	Alive	OTTO KK
US8679386B2	Thin-layer lignocellulose composites having increased resistance to moisture and methods of making the same	US13048672A	2011-03-15	Alive	JELD-WEN INC
US8656643B2	Seal activation system positioned within panel for door/window	US2010709899A	2010-02-22	Alive	OTTO KK
US8627606B2	Combined sealing system for garage door	US2009414948A	2009-03-31	Alive	OTTO KK
US8539717B2	Electronic control for door/window	US200821171A	2008-01-28	Alive	OTTO KK
US8534011B2	Window and door frame assembly apparatus and method	US13084358A	2011-04-11	Dead	EZ TRIM KIT LLC
US8516756B2	Door panel with thermal break	US2009578113A	2009-10-13	Alive	OTTO KK
US8484899B2	Driving and driven sealing systems for single-hung door/window	US2009392336A	2009-02-25	Alive	OTTO KK
US8468746B2	Sealing systems for garage door	US2009414922A	2009-03-31	Alive	OTTO KK
US8381381B2	System, method and apparatus for producing fire rated doors	US2010900068A	2010-10-07	Alive	POLYMER WOOD TECHNOLOGIES INC
US8336258B2	Self-driving combination sealing system for single-hung door/window	US2009392326A	2009-02-25	Alive	OTTO KK
US8209866B2	Method for producing fire rated door by inserting intumescent material in a perimeter channel of a first and second door panel	US2010899742A	2010-10-07	Alive	POLYMER WOOD TECHNOLOGIES INC
US8109037B2	Active sealing system for single-hung door/window	US2007846139A	2007-08-28	Alive	OTTO KK
US8091282B2	Combined sealing system and seal activation system for door/window	US2006425382A	2006-06-20	Dead	OTTO KK
US8074400B2	Combined modular sealing systems and seal activation system for door/window	US2007756948A	2007-06-01	Dead	OTTO KK
US8074399B2	Sealing system modules for door/window	US2007756933A	2007-06-01	Dead	OTTO KK
US8058193B2	Thin-layer lignocellulose composites and methods of making the same	US2008316321A	2008-12-11	Alive	JELD-WEN INC
US7997040B2	Door with glass insert and method for assembling the same	US2010786872A	2010-05-25	Alive	MASONITE INTERNATIONAL CORP
US7943070B1	Molded thin-layer lignocellulose composites having reduced thickness and methods of making same	US2004839639A	2004-05-05	Alive	JELD-WEN INC

（续）

公开号	标题	申请号	申请日期	失效/有效	终属母公司
US7919186B2	Thin-layer lignocellulose composites having increased resistance to moisture	US2008152902A	2008-05-16	Alive	JELD-WEN INC
US7886501B2	Door edge construction	US2006454046A	2006-06-15	Alive	ASSA ABLOY AB
US7841138B1	Plastic paneling on metallic door frame	US2004983185A	2004-11-08	Dead	INT ALUMINUM CORP
US7832167B2	Door and window system with stiffeners	US200821157A	2008-01-28	Dead	OTTO KK
US7775013B2	Door edge construction	US2006615607A	2006-12-22	Alive	ASSA ABLOY AB
US7748194B2	Closure frame corner joint	US2005282920A	2005-11-18	Dead	MASCO CORP
US7721501B2	Door with glass insert and method for assembling the same	US2007714281A	2007-03-06	Dead	MASONITE INTERNATIONAL CORP
US7721500B2	Multi-layered fire door and method for making the same	US2007656628A	2007-01-23	Alive	JELD-WEN INC
US7640704B2	Strengthened door with stiffeners	US200821134A	2008-01-28	Alive	OTTO KK
US7621102B2	Door edge construction	US2003686325A	2003-10-14	Alive	EMEH INC
US7587876B2	Door edge construction	US2006615630A	2006-12-22	Alive	ASSA ABLOY AB
US7520105B2	Drawer or door front assembly with reconfigurable inserts panel	US2005189573A	2005-07-26	Dead	GELLER G R
US7506484B2	Drawer or door front assembly with integral port	US2004883608A	2004-07-01	Alive	GELLER G R
US7448174B2	Integral screwless window assembly	US2006382362A	2006-05-09	Alive	ODL INC
US7434365B2	Drawer or door front assembly	US2004831858A	2004-04-26	Alive	GELLER GARY ROBERT
US7296384B2	Impact-resistant shutter assembly	US2006564624A	2006-11-29	Dead	BORAL LIMITED; HEADWATERS RESOURCES LLC (FKA HEADWATERS RESOURCES INC
US20160060947A1	Closure assembly with a window and a method of making the same	US14825390A	2015-08-13	Alive	FORMOSA PLASTICS CORPORATION
US20150204134A1	Forced entry resistance system for wooden doors and method for manufacturing doors with such system	US14597229A	2015-01-15	Alive	XEROX CORP
US20150096257A1	Frame structure for a window and a method for making a frame structure	us14400256a	2014-11-10	Alive	VKR HOLDINGS A/S
US20150047263A1	Mountable, demountable and adjustable by the user screen comprising a frame assembly having connectors and rigid or semi-rigid panels within the framework	US13968853A	2013-08-16	Dead	AGUAYO J H O
US20140230351A1	Window and door frame assemblyapparatus and method	US14029578A	2013-09-17	Dead	ANDRES C E

（续）

公开号	标题	申请号	申请日期	失效/有效	终属母公司
US20120159894A1	Pu door construction and method	US2010977560A	2010-12-23	Dead	TAIWAN SEMICON-DUCTOR MANUFA-CTURING CO
US20110314762A1	Impact resistant door and method of manu-facturing	US2010824274A	2010-06-28	Dead	PROVIA DOOR INC
US20110185653A1	Window and door frame assembly appara-tus and method	US13084358A	2011-04-11	Dead	EZ TRIM KIT LLC
US20110120044A1	Door edge construction	US13021175A	2011-02-04	Dead	ASSA ABLOY AB
US20110040402A1	System, method and apparatus for produ-cing fire rated doors	US2010900068A	2010-10-07	Alive	POLYMER WOOD TECHNOLOGIES INC
US20110040401A1	System, method and apparatus for produ-cing fire rated doors	US2010899742A	2010-10-07	Alive	POLYMER WOOD TECHNOLOGIES INC
US20100229500A1	Door with glass insert and method for as-sembling the same	US2010786872A	2010-05-25	Alive	MASONITE INTER-NATIONAL CORP
US20090165423A1	Strengthened door with stiffeners	US200821134A	2008-01-28	Alive	OTTO KK
US20090165415A1	Door and window system with stiffeners	US200821157A	2008-01-28	Dead	OTTO KK
US20090114123A1	Thin-layer lignocellulose composites hav-ing increased resistance to moisture and methods of making the same	US2007983090A	2007-11-07	Dead	JELD-WEN INC
US20090044471A1	Fiber-reinforced composites and building structures comprising fiber-reinforced com-posites	US200833390A	2008-02-19	Dead	JELD-WEN INC
US20090044467A1	Integral screwless window assembly	US2008246747A	2008-10-07	Dead	ODL INC
US20070261326A1	Integral screwless window assembly	US2006382362A	2006-05-09	Alive	ODL INC
US20070204546A1	Door with glass insert and method for as-sembling the same	US2007714281A	2007-03-06	Dead	MASONITE INTER-NATIONAL CORP
US20070125044A1	Multi-layered fire door and method for making the same	US2007656628A	2007-01-23	Alive	JELD-WEN INC
US20070113521A1	Door edge construction	US2006615607A	2006-12-22	Alive	ASSA ABLOY AB
US20070113497A1	Closure frame corner joint	US2005282920A	2005-11-18	Dead	MASCO CORP
US20070113496A1	Impact-resistant shutter assembly	US2006564624A	2006-11-29	Dead	BORAL LIMITED; HEADWATERS RE-SOURCES LLC (FKA HEADWATERS RE-SOURCES INC
US20070101655A1	Door edge construction	US2006615630A	2006-12-22	Alive	ASSA ABLOY AB

（续）

公开号	标题	申请号	申请日期	失效/有效	终属母公司
US20070022691A1	Drawer or door front assembly with reconfigurable inserts panel	US2005189573A	2005-07-26	Dead	GELLER G R
US20060272247A1	Door edge construction	US2006454046A	2006-06-15	Alive	ASSA ABLOY AB
US20060001338A1	Drawer or door front assembly withintegral port	US2004883608A	2004-07-01	Alive	GELLER G R
US20050252126A1	Door of glass fiber-reinforced plastic	US2004845319A	2004-05-14	Dead	SHUANG MEI F R P CO LTD
US20050076593A1	Door edge construction	US2003686325A	2003-10-14	Alive	EMEH INC
US20050046318A1	Drawer or door front assembly	US2004831858A	2004-04-26	Alive	GELLER G R
US20040177585A1	Industrial door assembly and method of assembling same	US2003383761A	2003-03-10	Dead	CHAM MFG INC
US20040035070A1	Economical impact resistant compression molded door	US2003465195A	2003-06-19	Dead	FORMOSA PLASTICS CORPORATION
EP3492680A1	Verschlusselement mit dekorierter platte；élément de fermeture avec panneau décoratif；Closure member with decorative panel	EP2017207140A	2017-12-13	Alive	FORMOSA PLASTICS CORPORATION
EP1959086A2	Fensterstruktur in einer feuerbeständigen Tür；Structure de fenêtre dans une porte résistante au feu；Window structure in a fireproof door	EP2008250542A	2008-02-15	Dead	FORMOSA PLASTICS CORPORATION
EP1959085A1	Sichtfensterstruktur für eine feuerfeste Tür；Structure de fenêtre d'observation dans une porte résistante au feu；Looking window structure in the fireproof door	EP2007102576A	2007-02-16	Dead	FORMOSA PLASTICS CORPORATION
WO2011095983A3	Ensemble àregard vitré monté sur une porte ou fenêtre à deux panneaux et procédé d'installation；a vision panel assembly mounted in a twin sheet door or window and a method of installation	WO2011IN38A	2011-01-18	Dead	COATWALA A M A
WO2011095983A2	Ensemble à regard vitré monté sur une porte ou fenêtre à deux panneaux et procédé d'installation；a vision panel assembly mounted in a twin sheet door or window and a method of installation	WO2011IN38A	2011-01-18	Dead	COATWALA A M A
GB2446719B	Window structure in a fireproof door	GB20082848A	2008-02-15	Alive	FORMOSA PLASTICS CORPORATION

9.1.2　重点专利"US7059092B2"分析

法律状态有效且被引证次数排名第 2 的是公开号为"US7059092B2"的专利，被引证 67

次，申请人是美国的华盛顿硬木建筑产品公司（WASHINGTON HARDWOODS & ARCHI-TECTURAL PROD），该专利名称为用于建筑的防火木组件。该专利涉及用硬木面板制成的防火门（窗）和防火门（窗）框，硬木面板的厚度允许在发生火灾时将热量传递到膨胀材料，从而膨胀材料将膨胀并填充框架与门或玻璃之间的间隙。膨胀的膨胀材料能够抑制烟和热在门和门框之间的传递。

对该专利进行 1 代引证分析（表9-3），分析结果表明，瑞士的知识产权古里亚有限责任公司（INTELLECTUAL GORILLA GMBH）引证"US7059092B2"专利最多，共引证 17 次，引证的专利主要涉及防火门、防火门芯、用于耐火建筑构件的石膏复合材料、高温轻质保温水泥和硅基材料等。17 件引证专利在中国均有同族专利申请。

表 9-3　引证"US7059092B2"的专利列表

公开号	标题	申请号	申请日期	失效/有效	终属母公司
US10563399B2	Two-piece track system	US16277366A	2019-02-15	Alive	CALIFORNIA EXPANDED METAL PROD CO
US10538459B2	Extruded cement based materials	US15315536A	2016-12-01	Alive	INTELLECTUAL GORILLA GMBH
US10442733B2	Lightweight thermal insulating cement based materials	US15116763A	2016-08-04	Alive	INTELLECTUAL GORILLA GMBH
US10435941B2	Fire rated door core	US15232899A	2016-08-10	Alive	INTELLECTUAL GORILLA GMBH
US10414692B2	Extruded lightweight thermal insulating cement-based materials	US14785968A	2015-10-21	Alive	INTELLECTUAL GORILLA GMBH
US10406389B2	Wall gap fire block device, system and method	US15943349A	2018-04-02	Alive	CALIFORNIA EXPANDED METAL PROD CO
US10315386B2	Gypsum composites used in fire resistant building components	US15193274A	2016-06-27	Alive	INTELLECTUAL GORILLA GMBH
US10246871B2	Fire-rated joint system	US16112118A	2018-08-24	Alive	CALIFORNIA EXPANDED METAL PROD CO
US10240089B2	Gypsum composites used in fire resistant building components	US15230774A	2016-08-08	Alive	INTELLECTUAL GORILLA GMBH
US10227775B2	Two-piece track system	US16001228A	2018-06-06	Alive	CALIFORNIA EXPANDED METAL PROD CO
US10214901B2	Fire-rated wall and ceiling system	US15986280A	2018-05-22	Alive	CALIFORNIA EXPANDED METAL PROD CO
US10196309B2	High temperature lightweight thermal insulating cement and silica based materials	US15029416A	2016-04-14	Alive	INTELLECTUAL GORILLA GMBH

（续）

公开号	标题	申请号	申请日期	失效/有效	终属母公司
US10184246B2	Fire-rated wall construction product	US15469370A	2017-03-24	Alive	CALIFORNIA EXPANDED METAL PROD CO
US10077597B2	Fire rated door	US14997812A	2016-01-18	Alive	INTELLECTUAL GORILLA GMBH
US10077550B2	Fire-rated joint system	US15462671A	2017-03-17	Alive	CALIFORNIA EXPANDED METAL PROD CO
US10011983B2	Fire-rated wall and ceiling system	US15680072A	2017-08-17	Alive	CALIFORNIA EXPANDED METAL PROD CO
US10000923B2	Fire blocking reveal	US15655688A	2017-07-20	Alive	CALIFORNIA EXPANDED METAL PROD CO
US9995039B2	Two-piece track system	US15680025A	2017-08-17	Alive	CALIFORNIA EXPANDED METAL PROD CO
US9931527B2	Wall gap fire block device, system and method	US15481272A	2017-04-06	Alive	CALIFORNIA EXPANDED METAL PROD CO
US9909298B2	Header track with stud retention feature	US15411374A	2017-01-20	Alive	CALIFORNIA EXPANDED METAL PROD CO
US9890083B2	Extruded gypsum-based materials	US14781832A	2015-10-01	Alive	INTELLECTUAL GORILLA BV; INTELLECTUAL GORILLA GMBH
US9879421B2	Fire-resistant angle and related assemblies	US14876488A	2015-10-06	Alive	CALIFORNIA EXPANDED METAL PROD CO
US9752318B2	Fire blocking reveal	US14997291A	2016-01-15	Alive	CALIFORNIA EXPANDED METAL PROD CO
US9739054B2	Two-piece track system	US15074424A	2016-03-18	Alive	CALIFORNIA EXPANDED METAL PROD CO
US9739052B2	Fire-rated wall and ceiling system	US15337972A	2016-10-28	Alive	CALIFORNIA EXPANDED METAL PROD CO
US9701583B2	Expanded lightweight aggregate made from glass or pumice	US15272895A	2016-09-22	Alive	INTELLECTUAL GORILLA GMBH

（续）

公开号	标题	申请号	申请日期	失效/有效	终属母公司
US9683364B2	Fire-rated wall construction product	US14996502A	2016-01-15	Alive	CALIFORNIA EXPANDED METAL PROD CO
US9637914B2	Fire-rated wall and ceiling system	US13691595A	2012-11-30	Alive	CALIFORNIA EXPANDED METAL PROD CO
US9616259B2	Wall gap fire block device, system and method	US15186233A	2016-06-17	Alive	CALIFORNIA EXPANDED METAL PROD CO
US9523193B2	Fire-rated joint system	US14996516A	2016-01-15	Alive	CALIFORNIA EXPANDED METAL PROD CO
US9481998B2	Fire-rated wall and ceiling system	US14844966A	2015-09-03	Alive	CALIFORNIA EXPANDED METAL PROD CO
US9475732B2	Expanded lightweight aggregate made from glass or pumice	US14785987A	2015-10-21	Alive	INTELLECTUAL GORILLA GMBH
US9458628B2	Fire-rated joint system	US14726275A	2015-05-29	Alive	CALIFORNIA EXPANDED METAL PROD CO
US9410361B2	Gypsum composites used in fire resistant building components	US14542930A	2014-11-17	Alive	INTELLECTUAL GORILLA GMBH
US9375899B2	Gypsum composites used in fire resistant building components	US13603405A	2012-09-04	Alive	INTELLECTUAL GORILLA GMBH
US9371644B2	Wall gap fire block device, system and method	US14603785A	2015-01-23	Alive	CALIFORNIA EXPANDED METAL PROD CO
US9290934B2	Two-piece track system	US14639411A	2015-03-05	Alive	CALIFORNIA EXPANDED METAL PROD CO
US9290932B2	Fire-rated wall construction product	US14448784A	2014-07-31	Alive	CALIFORNIA EXPANDED METAL PROD CO
US9243444B2	Fire rated door	US13538828A	2012-06-29	Alive	INTELLECTUAL GORILLA GMBH
US9127499B2	Composite frame for an opening	US2006506377A	2006-08-18	Alive	COMPOSITE TECHNOLOGY INT INC
US9127454B2	Fire-rated wall and ceiling system	US14284297A	2014-05-21	Alive	CALIFORNIA EXPANDED METAL PROD CO
US9080372B2	Gypsum composites used in fire resistant building components	US14543122A	2014-11-17	Alive	INTELLECTUAL GORILLA BV

（续）

公开号	标题	申请号	申请日期	失效/有效	终属母公司
US9045899B2	Fire-rated joint system	US14086802A	2013-11-21	Alive	CALIFORNIA EXPANDED METAL PROD CO
US9027296B2	Gypsum composites used in fire resistant building components	US14543001A	2014-11-17	Alive	INTELLECTUAL GORILLA GMBH
US8973319B2	Two-piece track system	US14045538A	2013-10-03	Alive	CALIFORNIA EXPANDED METAL PROD CO
US8938922B2	Wall gap fire block device, system and method	US14213869A	2014-03-14	Alive	CALIFORNIA EXPANDED METAL PROD CO
US8915033B2	Gypsum composites used in fire resistant building components	US13610542A	2012-09-11	Alive	INTELLECTUAL GORILLA GMBH
US8881494B2	Fire rated door core	US13646292A	2012-10-05	Alive	POLYMER WOOD TECHNOLOGIES INC
US8793947B2	Fire-rated wall construction product	US13649951A	2012-10-11	Alive	CALIFORNIA EXPANDED METAL PROD CO
US8733409B2	Process to manufacture frame using renewable wood product(s)	US2010907938A	2010-10-19	Alive	COMPOSITE TECHNOLOGY INT INC
US8640415B2	Fire-rated wall construction product	US13083328A	2011-04-08	Alive	CALIFORNIA EXPANDED METAL PROD CO
US8555566B2	Two-piece track system	US13858826A	2013-04-08	Alive	CALIFORNIA EXPANDED METAL PROD CO
US8100164B2	Movable partition systems including intumescent material and methods of controlling and directing intumescent material around the perimeter of a movable partition system	US2009542508A	2009-08-17	Alive	WON-DOOR CORPORATION
US8069625B2	Fire-resistant frame assemblies for building	US2009357255A	2009-01-21	Alive	WASHINGTON HARDWOODS AND ARCHITECTURAL PRODUCTS INC
US7921614B2	Fire-rated light kit	US200833190A	2008-02-19	Alive	LEXINGTON MFG INC
US7832166B2	System, method and apparatus for producing fire rated doors	US2007677577A	2007-02-21	Alive	POLYMER WOOD TECHNOLOGIES INC
US7598460B2	Radiation shielding wood or laminate faced door having a high fire rating and method for making same	US2005260168A	2005-10-28	Alive	GENERAL ELECTRIC COMPANY
US7427147B2	Lighting assemblies	US2005303401A	2005-12-16	Dead	KOVACS LAURENCE

（续）

公开号	标题	申请号	申请日期	失效/有效	终属母公司
US20130031856A1	Fire-rated wall construction product	US13649951A	2012-10-11	Alive	CALIFORNIA EXPANDED METAL PROD CO
US20110247281A1	Fire-rated wall construction product	US13083328A	2011-04-08	Alive	CALIFORNIA EXPANDED METAL PROD CO
US20110036509A1	Movable partition systems includingintumescent material and methods of controlling and directing intumescent material around the perimeter of a movable partition system	US2009542508A	2009-08-17	Alive	WON-DOORCORPORATION
US20090314428A1	Radiation shielding wood or laminate faced door having a high fire rating and method for making same	US2009546254A	2009-08-24	Dead	GENERAL ELECTRIC COMPANY
US20090205271A1	Fire-rated light kit	US200833190A	2008-02-19	Alive	LEXINGTON MFG INC
US20070193220A1	System，method and apparatus for producing fire rated doors	US2007677577A	2007-02-21	Alive	POLYMER WOOD TECHNOLOGIES INC
US20070137118A1	Composite frame for an opening	US2006506377A	2006-08-18	Alive	COMPOSITE TECHNOLOGY INT INC
US20070095570A1	Radiation shielding wood or laminate faced door having a high fire rating and method for making same	US2005260168A	2005-10-28	Alive	GENERAL ELECTRIC COMPANY
US20070068099A1	Lighting assemblies	US2005303401A	2005-12-16	Dead	KOVACS LAURENCE

9.1.3 重点专利"US6487827B2"分析

法律状态有效且被引证次数排名第3的是公开号为"US6487827B2"的专利（表9-4），被引证57次，申请人是霍尔曼公司（HOLLMAN INC），该专利在中国有2件同族专利"CN100420554C"和"CN1525904A"，法律状态均为未缴年费终止，专利名称为"镶面凸板元件及其制造方法"，摘要为"本发明涉及镶面式元件，例如门。例如，一种镶面式凸板型门可包括两个垂直取向的框架元件（如门挺）和两个水平取向的框架元件（如横栏）。这些元件与中央面板相结合，形成门框架。门的每个露出边缘被裹上边条。这种边条（如木质或塑料的镶面板）盖住垂直取向框架元件与水平取向框架元件之间的任何接合处"。

引证"US6487827B2"专利最多的是杰尔德—文股份有限公司（JELD-WEN INC），杰尔德—文股份有限公司引证的专利主要涉及门饰面的形状、配置、样式和装饰特征等。此外，美森耐公司也对该专利进行了大量引用，引证专利主要涉及制造通用门皮坯的方法，门皮，以及由其制造的门和制造门的方法。

表 9-4　引证"US6487827B2"的专利列表

公开号	标题	申请号	申请日期	失效/有效	终属母公司
US10253555B2	Shutters with rails off-set from stiles	US15158335A	2016-05-18	Alive	HOUSTON SHUTTERS LLC
USD830575S1	Door facing	US2017616177F	2017-09-02	Alive	JELD-WEN INC
USD829929S1	Door facing	US2017616178F	2017-09-02	Alive	JELD-WEN INC
USD828929S1	Door facing	US2017614194F	2017-08-16	Alive	JELD-WEN INC
USD821609S1	Door	US2016560236F	2016-04-04	Alive	JELD-WEN INC
USD799718S1	Door	US2015550296F	2015-12-31	Alive	JELD-WEN INC
USD797311S1	Door facing	US2015536845F	2015-08-19	Alive	JELD-WEN INC
USD766459S1	Door	US2013467677F	2013-09-20	Alive	JELD-WEN INC
USD737461S1	Door facing	US2013458179F	2013-06-17	Dead	JELD-WEN INC
US8991125B2	Assembly key, door kits and methods of using the same	US13989701A	2013-08-07	Alive	NUCO SYSTEMS INC
USD716594S1	Front for cabinet components or similar articles	US2012432481F	2012-09-15	Alive	BLACK KAREN KAYE
USD716088S1	Front for cabinet components or similar articles	US2012432483F	2012-09-15	Alive	BLACK KAREN KAYE
USD716087S1	Front for cabinet components or similar articles	US2012432482F	2012-09-15	Alive	BLACK KAREN KAYE
US8808484B2	Method of manufacturing a universal door skin blank	US13419068A	2012-03-13	Alive	MASONITE INTERNATIONAL CORP
US8763334B2	Three or five piece component	US13503563A	2012-07-09	Dead	UPONOR OYJ
USD663554S1	Furniture front	US2010356750F	2010-03-02	Alive	SIEKMANN MOBELWERKE GMBH & CO KG
USD660022S1	Room divider panel	US2011402444F	2011-09-23	Alive	THOMPSON VENETIA K
USD656748S1	Top for a room divider panel	US2008326055F	2008-10-10	Alive	THOMPSON VENETIA K
US8133340B2	Method of manufacturing a universal door skin blank	US2006503975A	2006-08-15	Alive	MASONITE INTERNATIONAL CORP
USD655110S1	Furniture front	US2011383761F	2011-01-21	Alive	SIEMATIC MOBELWERKE GMBH & CO KG
USD650596S1	Top for a room divider panel	US2008326058F	2008-10-10	Alive	THOMPSON VENETIA K
USD641560S1	Room divider	US2008326047F	2008-10-10	Alive	THOMPSON VENETIA K
US7964051B2	Door skin, method of manufacturing a door produced therewith, and door produced therefrom	US2007976137A	2007-10-22	Alive	MASONITE INTERNATIONAL CORP

（续）

公开号	标题	申请号	申请日期	失效/有效	终属母公司
US7913730B2	Modular raised wall paneling system and method of manufacture	US2007657350A	2007-01-24	Dead	ADVANTAGE AR-CHITECTURAL PROD LTD
USD616109S1	Flat panel door facing	US2008306505F	2008-04-10	Alive	JELD-WEN INC（F/K/ACRAFTMASTER MANUFACTURING INC）
US7669380B2	Glue manifold for a functional shutter	US2006326098A	2006-01-05	Alive	BORAL BUILDING PRODUCTS INC
USD588708S1	Flat panel door facing	US2008302271F	2008-01-14	Alive	JELD-WEN INC（F/K/A CRAFTMASTER MANUFACTURING INC）
USD587816S1	Flat panel door facing	US2008306787F	2008-04-16	Alive	JELD-WEN INC（F/K/A CRAFTMASTER MANUFACTURING INC）
USD587814S1	Flat panel door facing	US2008306492F	2008-04-10	Alive	JELD-WEN INC（F/K/A CRAFTMASTER MANUFACTURING INC）
USD587813S1	Flat panel door facing	US2008306482F	2008-04-10	Alive	JELD-WEN INC（F/K/A CRAFTMASTER MANUFACTURING INC）
USD585144S1	Flat panel door facing	US2008306477F	2008-04-10	Alive	JELD-WEN INC（F/K/A CRAFTMASTER MANUFACTURING INC）
USD584830S1	Flat panel door facing	US2008306498F	2008-04-10	Alive	JELD-WEN INC（F/K/A CRAFTMASTER MANUFACTURING INC）
USD583068S1	Flat panel door facing	US2008302274F	2008-01-14	Alive	JELD-WEN INC（F/K/A CRAFTMASTER MANUFACTURING INC）
USD576740S1	Flat panel door facing	US2007285351F	2007-03-28	Alive	JELD-WEN INC（F/K/A CRAFTMASTER MANUFACTURING INC）

（续）

公开号	标题	申请号	申请日期	失效/有效	终属母公司
US7392628B2	Functional shutter	US2006326111A	2006-01-05	Dead	HEADWATERS RESOURCES LLC (FKA HEADWATERS RESOURCES INC; BORAL LIMITED
US7370454B2	Door skin, method of manufacturing a door produced therewith, and door produced therefrom	US2003351592A	2003-01-27	Alive	MASONITE INTERNATIONAL CORP.
US7308777B2	Method of forming a standing seam skylight	US2005198420A	2005-08-05	Dead	SANDOW KIYOSHI
USD538441S1	Door face panel	US2005227274F	2005-04-08	Alive	BISON BUILDING MATERIALS LTD
USD537956S1	Door face panel	US2005226125F	2005-03-24	Alive	BISON BUILDING MATERIALS LTD
US7185469B2	Modular raised wall paneling system	US2003389497A	2003-03-14	Dead	ADVANTAGE ARCHITECTURAL PRODLTD
USD516224S1	Door panel	US2004205076F	2004-05-07	Dead	SIGNATURE CUSTOM CABINERY INC
US6966157B1	Standing seam skylight	US2003632744A	2003-08-01	Dead	SANDOW K
US20130312351A1	Novel assembly key, door kits and methods of using the same	US13989701A	2013-08-07	Alive	NUCO PATENTS INC
US20120276319A1	Three or five piece component	US13503563A	2012-07-09	Dead	MONDELEZ INTERNATIONAL INC
US20080168744A1	Composite door components	US200815232A	2008-01-16	Dead	LUMBERMEN'S INC
US20080060318A1	Modular raised wall paneling system and method of manufacture	US2007657350A	2007-01-24	Dead	ADVANTAGE ARCHITECTURAL PROD LTD
US20080041014A1	Door skin, method of manufacturing a door produced therewith, and door produced therefrom	US2007976137A	2007-10-22	Alive	MASONITE INTERNATIONAL CORP
US20070101665A1	Method of forming a standing seam skylight	US2005198420A	2005-08-05	Dead	SANDOW K
US20060174570A1	Glue manifold for a functional shutter	US2006326098A	2006-01-05	Alive	BORAL BUILDING PRODUCTS INC
US20060168889A1	Functional shutter	US2006326111A	2006-01-05	Dead	BORAL LIMITED; HEADWATERS RESOURCES LLC (FKA HEADWATERS RESOURCES INC
US20060053744A1	Moisture resistant wooden doors and methods of manufacturing the same	US2004932843A	2004-09-01	Dead	SIMPSON DOOR CO

（续）

公开号	标题	申请号	申请日期	失效/有效	终属母公司
US20050210829A1	Wood composite panel	US2004809047A	2004-03-25	Dead	MARVIN LUMBER AND CEDER COMPANY D/B/A MARVIN WINDOWS AND DOORS
US20050210797A1	Door assembly	US2004801025A	2004-03-15	Dead	KENT DOOR & SPECIALTY
US20040221531A1	Door skin, method of manufacturing a door produced therewith, and door produced therefrom	US2003351592A	2003-01-27	Alive	MASONITE INTERNATIONAL CORP
US20040177583A1	Modular raised wall paneling system and method of manufacture	US2003389497A	2003-03-14	Dead	ADVANTAGE ARCHITECTURAL PROD LTD
US20040172914A1	Seamless door and methods of manufacture	US2003393331A	2003-03-20	Dead	LEGACY DOORS 2005 INC
US20030196744A1	Apparatus and method for laminatingthree-dimensional surfaces	US200239817A	2002-04-23	Dead	SICOLA P

9.1.4　中国重点专利"CN103089126A"分析

在木质门高被引专利中，中国发明专利被引次数为 20 次且法律状态有效的专利为 "CN103089126A"，申请人为邝鉅炽、梁志昌和佛山市科成先进防火材料科技有限公司。该专利申请时间为 2013 年 1 月，涉及一种绿色防火门芯及其制造方法和防火门，门芯浆料可直接填充门芯框，门芯框内无空隙和填充死角，提高了耐火隔热整体功能，符合 GB 8624—2006 的 A1 级防火标准。门芯浆料与木质、钢质门面板均有较强粘合能力，无需胶水或仅需少量胶水，且在 750~1000℃氧化燃烧气氛中仍能保持粘合强度。

"CN103089126A"专利被 20 件中国专利引证，20 件施引专利主要涉及防火门和隔音门制备方法。

9.2　全球多成员专利族

一项基本专利在全球的同族成员数量越多，说明该专利技术的市场价值越大，比较重要。按同族成员数量排序，形成全球木质门相关技术多成员专利族列表，展示出同族成员数量在 10 个以上的专利族，共 56 项（表 9-5），这些专利族的公开年 2001 年后的 41 个，2010 年后的 25 个。通过 DWPI 专利族法律状态分析，状态为有效（Alive）的专利族 24 个。

通过对全球木质门多成员专利族全部专利成员进行专利地图和文本聚类分析（图 9-4、图 9-5），数据表明：全球木质门多成员专利族的研究热点主要在木质门表面、防火门、框架构件、空心门、木质元件和反向模质等方面。从专利公开年方面来看，2001—2010 全球木质门多成员专利族研究热点主要为门板装置、面板原件、木质复合材料、防火木组件、防火、隔音等。近 10 年公开的全球木质门多成员专利族专利主要研究热点为：木质元件芯层、废木材利用、框架结构和门窗保持系统等。

同族成员数量排名前 4 的都是美森耐公司（MASONITE INTERNATIONAL CORP）的专利族，专利族数量分别为 46 件、38 件、36 件和 29 件。排名第 1、第 2 的专利族已在前文分析。

优先权号为"US2000198709P"和"US2000742840A"专利族，申请人是美森耐公司（MASONITE INTERNATIONAL CORP），优先权日期 2000 年 4 月 20 日，全球同族专利成员 36 个，在 24 个国家地区进行了布局，该专利涉及一种木材复合制品和制造反向模制的木材复合制品的方法，反向模制的木材复合门面板。此种反向模制板较常规的多孔纤维板压机中以一道压制步骤工艺模制，能更好地传递模具的细致结构和压花的准确性。该专利在中国的同族专利号为"CN1437525B"，法律状态信息为未缴年费专利权终止，终止日期为 2016 年 3 月 2 日。

表 9-5 全球木质门相关技术多成员专利族列表

公开日期	标题	优先权号	终属母公司	同族专利成员	同族专利状态	同族数量
2017-01-26	Method of manufacturing a molded door skin from a flat wood composite, door skin produced therefrom, and door manufactured therewith	GB19981634A; US1999229897A; US2001985673A; US2010977623A; US13527011A; US13796788A; US13943293A; US14487818A; US14829466A	MASONITE INTERNATIONAL CORP	GB2340060A;WO200000006354A1;BR199912565A; EP1100660A1;US6312540B1;KR2001072097A; CN1328496A;US200200046805A1;GB2340060B; MX200100000690A;RU2221694C2;EP1100660B1; EP1537969A1;DE69925737D1;MX223596B; ES2242409T3;IN1999009488I1;CN1145547C; DE69925737T2;CN1765599A;KR604428B1; IN200501027411;CA2344516C;EP1537969B1; DE69941582D1;IN236592B;IN239575B; BRPI9912565B1;US7856779B2;MY141566A; US2011010769BA1;US8202380B2;US20120260604A1; CN1765599B;US8394219B2;ES2335217T3; US20130180205A1;HK1090601A1;US20130305645A1; US8650822B2;US8833022B2;US20150075096A1; US9109393B2;US20160040475A1;US9464475B2; US2017002152A1	Alive	46
2017-04-04	Method and device for the molding of wood fiber board	WO1997NL228A; NL1006615A; WO1998NL233A; US1999402603A; US2002198179A; US200545368A; US2009637492A; US13302584A; US14043513A	MASONITE INTERNATIONAL CORP	WO199804899A1;AU199873504A;AU718115B; EP1011941A1;CN1253523A;BR199808692A; KR2001020284A;JP2001520594A;NZ500523A; US200201800089A1;US6500372B1;TW481605B; EP1308252A1;EP1011941B1;JP03427899B2; KR381746B;DE69815864D1;KR382594B; RU2215648C2;KR394352B;ES2201488T3; CN1491785A;US6868644B2;US20050145327A1; CN1125713C;CN100349709C;RU2329366C2; US7632448B2;US20100090368A1;US8062569B2; EP1308252B1;US20120125484A1;US8545210B2; US20140027018A1;US9193092B2;US20160158961A1; US9610707B2;IN222423B	Dead	38

（续）

公开日期	标题	优先权号	终属母公司	同族专利成员	同族专利状态	同族数量
2015-08-28	Reverse molded panel	US2000198709P; US2000742840A	MASONITE INTERNATIONAL CORP	US20010029714A1;WO2001081055A1;AU2001127739A; TW472106B;EP1282493A1;BR200110212A; KR2003010606A;US6588162B2;NZ522018A; CN1437525A;NZ524417A;JP2004501001A; IN20201043P1;RU2257998C2;MX2002010334A; AU2001227739B2;RO120468B1;AU2005248956A1; IN200606401P1;KR2007026840A;CA2624827A1; CA2406677C;MX246179B;KR858965B1;IN211214B; IL186305A;EP1282493B1;DE60143521D1;IL152283A; BRPI0110212B1;CA2624827C;ES2352185T3; US8545968B2;CN1437525B;IN267109B;MY155042A	Alive	36
2016-10-21	A door skin	GB19977318A	MASONITE INTERNATIONAL CORP	GB2324061A;WO1998045099A1;EP973634A1; US6073419A;US6079183A;BR199809074A; CN1259894A;RU2168409C1;KR2001006199A; MX199909144A;GB2324061B;US6689301B1; EP973634B1;DE69828687D1;EP1512507A2; MX221026B;ES2235326T3;CN1593871A; DE69828687T2;CN1182947C;KR571972B1; CA2286318C;IN2005032651I;IN19980093711; CN1593871B;IN230104B;EP1512507B1; IN276372B;EP1512507A3	Dead	29
2016-03-10	High speed rollup door with-rollable door leaf	WO2008US66139A	ASSA ABLOY AB	WO2009148460A1;TW200951291A;AU2008357434A1; CA2726888A1;EP2304154A1;IN201002588P3; KR2011038022A;MX2010013234A;CN102089491A; JP2011522981A;US20110265959A1;NZ589709A; RU2010150405A;RU2471953C2;CN102089491B; EP2304154B1;US8864064B2;MX318094B; JP05523450B2;ES2476090T3;TW1479074B; BRPI0822759A2;KR1566713B1;CA2726888C; AU2008357434B2;BRPI0822759B1;IN313374B	Alive	27

（续）

公开日期	标题	优先权号	终属母公司	同族专利成员	同族专利状态	同族数量
2016-11-24	改善された窓抱きシステム及び方法；The window holding system and method which were improved	US2010P93536A；WO2011US38963A	PERFECT WINDOW REVEAL LLC	US201110296777A1；WO2011153375A1；CA2801078A1；EP2576948A1；JP2013527354A；CN103097638A；KR2013126572A；US8826612B2；IN201202673P3；EP2845980A2；EP2845980A3；RU2012157772A；JP2015180809A；RU2573297C2；CN103097638B；CN105672809A；JP06030053B2；BR11201203789A2；CA2970659A1；CA2801078C；EP2576948A4；JP2018003594A；EP2845980B1；KR1939852B1；RU2015151170A；EP345382IA1	Alive	26
2012-11-27	Revestimento de porta de composto de madeira molda-da e porta；door coating composed of molded wood and port	US2002223744A；WO2003US26175A	MASONITE INTERNATIONAL CORP	US2004035085A1；WO2004018819A1；AU200325966A1；EP1540124A1；BR200313649A；JP2005536669A；CN1688784A；MX2005001994A；KR2005058385A；NZ538332A；IN200500626P1；TW200508474A；IL166997A；CN100526591C；MX265720B；AU2003259966B2；IN237403B；US7644551B2；EP1540124B1；ES2366832T3；TWI341357B；CA2496276C；BRPI0313649B1；SG110501B；MY140211A	Alive	25
2017-01-26	木材要素，特に波状構造を有する木材要素を有するコア層	EP20135226A；WO2014EP2965A	WOOD INNOVATIONS LTD	WO2015067362A1；CA2928240A1；AU2014345929A1；CN105793499A；EP3066272A1；US20160288880A1；VN48340A；JP2017502850A；IN201617014869A；MX2016005849A；BR112016010248A2；RU2016118491A；EP3066272B1；AU2014345929B2；ES2668936T3；RU2659238C2；ID201709107A；EP3363960A1；US10053191B2；CN105793499B；US20190009862A1；CA2928240C；JP06509214B2	Alive	23
2008-04-30	Fire door or window；Protipožární dvere nebo okno	DE19933410A	BRANDSCHUTZ SYSTEME GMBH	WO2001007744A1；DE19933410A1；EP1115958A1；US20010023560A1；CN1313925A；KR2001079505A；HU200103415A2；CZ200100956A3；SK200100363A3；JP2003521602A；NO200100511A；US6668499B2；	Alive	22

（续）

公开日期	标题	终属母公司	优先权号	同族专利成员	同族专利状态	同族数量
2008-04-30	Fire door or window; Protipožární dveře nebo okno	BRANDSCHUTZ SYSTEME GMBH	DE19933410A	RU2241814C2; NO319863B1; DE1993341OB4; CN1154782C; EP1115958B1; DE50012645D1; RO120584B1; CZ299121B6; GEP20030312 1B; AM1134A2	Alive	22
2016-12-08	Door skin, a method of etching a plate, and an etched plate formed therefrom	MASONITE INTERNATIONAL CORP	US2003440647P; US2004753862A; US200854587A; US13071986A; US13590647A; US14029338A	WO2004067291A2; US20040206029A1; US7367166B2; US20080213616A1; US7959817B2; US20110212210A1; WO2004067291A3; US8246339B2; US20120318446A1; US8535471B2; US20140193613A1; US20140203356A1; US8950139B2; US9416585B2; US20160356075A1; US9719288B2; US20180051507A1; US10047556B2; US20190017313A1; US10316579B2; US20190345755A1	Alive	21
2004-10-21	Method for repairing a construction component	FRAMESAVER LP; BURNS MORRIS & STEWART LP	US1996612757A; US1997837776A; US1998130160A; US1999255079A; US2002154624A	WO2000049242A1; AU2000037005A; EP1153178A1; BR200008354A; US20020059772A1; CN1340124A; US6425222B1; US20020178688A1; JP2002537150A; NZ513394A; AU764341B; US6694696B2; MX2001008371A; CN1474027A; AU2003262301A1; US20040206033A1; CN1114740C; CN1202340C; AU2003262301B2; EP1153178A4	Dead	20
2006-02-15	Process for producing profiled material, profiled material per se, window frame and frame combination; Způsob a zařízení pro výrobu profilového materiálu, profilový materiál, okenní rám a kombinace rámu	MEETH E	DE19530270A	DE19530270A1; WO1997006942A1; AU199669250A; WO1998007559A1; NO199800665A; EP848660A1; AU199742994A; CZ199800827A3; DE19680705T; HU199802429A2; EP921931A1; BR199610203A; US6237208B1; HU219845B; EP848660B1; DE59607960D1; RU2177412C2; EP921931B1; DE59708207D1; CZ296283B6	Dead	20
1998-07-16	Warmformgepresster gegenstand und verfahren zum warmformpressen; Warmformgepreßter subject and method of hot molding	POLIMA AB VETLANDA SE	SE19861898A	GB2189432A; DE3712972A1; EP246208A1; SE19861898A; NO198701693A; FI198701791A; DK198701972A; FR2600930A; US4844968A; GB2189432B; SE461775B; EP246208B1; ES2018301B; IT1203974B; NO171354B; FI94737B; DE3712972C2	Indeterminate	17

（续）

公开日期	标题	优先权号	终属母公司	同族专利成员	同族专利状态	同族数量
2008-06-03	Extrusion de composite d'un polymere et de farine de bois；Polymer and wood flour composite extrusion	US199617756P；US1996748201A	WESTLAKE CHEMICAL CORP	EP807510A1；AU199712353A，JP9300423A；ZA199700901A；NZ314176A；CA2196635A1；KR199707478454A；US5847016A；US5951927A；MX199701083A；AU713915B；US6066680A；TW385276B；EP807510B1；DE69710516D1；CA2196635C	Dead	16
2008-09-24	镶面凸板元件其制造方法；Veneered raised element and method of manufacturing thereof	US2000751969A	HOLLMAN INC	US2002008364 9A1；WO2002058901A2；US6487827B2；EP1349716A2；AU2002246630A1；US2004011993A1；CN1525904A，JP2005504194A，AU2002246630A8；EP1349716B1；DE60120481D1；US7143561B2；DE60120481T2，JP04004958B2；CN100420554C；WO2002058901A3	Alive	16
2016-03-29	Door，deep draw molded door facing and methods of form-ingloor and facing	US2004536845P；US2004536846P；US200535023A；US2010792813A；US13438342A；US13627239A	MASONITE INTERNATIONAL CORP	WO2005072135A2；US2005021720 6A1；EP1755843A2；WO2005072135A3；TW200528624A，TW1312025B；US7765768B2；US2010031929 8A1；US8146325B2；US20120186740A1；US8287795B2；US20130014886A1；US8557166B2；US201400342 24A1；MY149071A；US9296123B2	Alive	16
1985-09-07	Prota pieghevole a pannelli di legno con giunti di con-nessione pure in legno	IT197827350A	CERON S	BE878636A；DE2934266A1；GB2029878A；NL197906532A；PT70093A；DK19790342 3A；SE197907360A；BR197905702A；FR2435593A；US4284118A；CA1122895A1；GB2029878B；AT197905805A；CH635653A；IT1098512B	Indeter-minate	15
2012-06-22	Placa laminada compuesta para puertas cortafuegos	DE102004049632A；WO2005EP10849A	BASF SE	WO2006040097A1；DE102004049632A1；EP1802454A1；KR2007063035A；CN101039799A，JP200851 6112A；US20080138585A1；DE102004049632B4；BR200516844A；CN100534780C；RU2373062C2；EP1802454B1；ES2383606T3；SG131282A1；SG131282B	Alive	15

（续）

公开日期	标题	优先权号	终属母公司	同族专利成员	同族专利状态	同族数量
2017-01-04	Rahmenstruktur für ein fenster und verfahren zur herstellung einer rahmenstruktur; structure de châssis d'une fenêtre et procédé de fabrication associé; A frame structure for a window and a method for making a frame structure	DK20127O243A; WO2013DK50141A1; EP20137229852A	VKR HOLDINGS A/S	WO201316714A1; CA2869715A1; EP2847408A1; US2015009625A1; JP031199450U; CN204703682U; EP2847408B1; CA2869715C; EP3112574A1; EP3112574B1; US10119328B2; EP3415705A1; ES2691419T3; EA31550B1; EP3415705B1	Alive	15
2008-12-30	Profil creux a base de composite de fibres ligneuses polyolefiniques ameliore; Hollow profile comprising an improved polyolefin wood fiber composite	US1999293618A; WO2000US1267A	ANDERSEN CORPORATION	WO200006328A1; AU200026188A; US6265037B1; US20010051242A1; US20010051243A1; EP1173512A1; JP200351750A; MX2001010355A; US6682789B2; EP1173512B1; DE6003364D1; TWI267532B; CA2368201C; WO200006328A9	Dead	14
2001-10-09	Fire-resistant gypsum fiberboard	US1989420362A; US1991699676A; US1992937361A; US1994209615A; US1995485268A	GP CELLULOSE GMBH ZUG SWITZERLAND LIMITED LIABILITY COMPANY; GEORGIA-PACIFIC CHEMICALS LLC DELAWARE LIMITED LIABILITY COMPANY; GEORGIA-PACIFIC CORRUGATED LLC DELAWARELIMITED LIABILITY COMPANY; GEORGIA-PACIFIC CONSUMER PRODUCTS LP DELAWARE LIMITED LIABILITY COMPANY;	WO199100574A1; AU199169657A; EP495928A1; US5155959A; US5171366A; JP5500942A; AU644758B; EP495928A4; US5798010A; CA2067806C; US5945208A; JP0297476B2; KR161657B1; US6299970B1	Dead	14

（续）

公平日期	标题	优先权号	终属母公司	同族专利成员	同族专利状态	同族数量
2001-10-09	Fire-resistant gypsum fiber-board	US19894203362A; US19911699676A; US19929937361A; US19942209615A; US19955485268A	GEORGIA-PACIFIC WOOD PRODUCTS LLC DELAWARE LIMITED LIABILITY COMPANY; GEORGIA-PACIFIC LLC DELAWARE LIMITED PARTNERSHIP; DIXIE CONSUMER PRODUCTS LLC DELAWARE LIMITED LIABILITY COMPANY; GEORGIA-PACIFIC GYPSUM LLC DELAWARE LIMITED LIABILITY COMPANY; COLOR-BOX LLC DELAWARE LIMITED LIABILITY COMPANY	WO199100574A1;AU199169657A;EP495928A1; US5155959A;US5171366A;JP5500942A; AU644758B;EP495928A4;US5798010A; CA2067806C;US5945208A;JP0297476982; KR161657B1;US6299970B1	Dead	14
2006-06-14	Rahmen mit integrierten elementen, die gegen umwelteinflüsse beständig sind	US19978377776A; WO1198US7775A	FARMESAVER NACOGDOCHES TEX US	WO199804837A1;AU199871299A;US5873209A; US5950391A;EP1007816A1;BR199808957A; US6122882A;US644641081;CA2288733C; EP1007816B1;DE69831580D1;ES2247689T3; DE69831580T2;EP1007816A4	Dead	14
1985-02-18	Device to mount wooden door frame-has a rectangular wooden piece with a central freely rotatable screw;Dispositivo per fissare parti su pareti o soffittature	DE2500214A; DE2530854A	BUSCH G	BE836998A;DE2500214A1;NL197514977A; SE197513970A;NO197504225A;DK197505916A; FR2296785A;DE2530854A1;US4038801A; GB1487130A;CH596463A;AT197509467A; DE2530854B;IT1064073B	Dead	14
2016-12-21	Procedimiento para fabricar una hoja de puerta, así como hoja de puerta fabricada según este procedimiento	DE19953341A; WO2000DE3871A	HOERMANN BRANDIS KG	WO2001033025A1;DE19953341A1;AU200126621A; EP1226327A1;CZ200201530A3;HU200203215A1; DE19953341B4;EP1226327B1;DE50015202D1; ES2307551T3;CZ300879B6;DE19953341C5; EP1226327B2;ES2307551T5	Alive	14

（续）

公开日期	标题	优先权号	终属母公司	同族专利成员	同族专利状态	同族数量
2006-11-15	A method to manufacture wooden frame and frame components and such frame components	SE19952623A; WO1996SE698A	OEBERG O	SE503545C2;WO1997004205A1;AU199663719A; NO199800186A;EP839252A1;BR199609705A; US5904012A;JP11509284A;EP839252B1; DE69609837D1;ES2150134T3;NO309056B1; CA2226964C;JP0384115B2	Dead	14
2012-10-19	Molded door skin for, e. g. furniture doors and cabinet doors ,includes exterior surface having outer portions on plane,spaced grooves recessed from the plane, and halftone portions having spaced protrusions defined by channels	US2003346187A; US2003346187A	MASONITE INTERNATIONAL CORP	US20040139673A1;WO20040067292A2;AU2004207759A1; EP1590188A2;US6988342B2;MX2005007690A; CN1750941A;MX260762B;AU2004207759B2; CN100572102C;WO20040067292A3;MX304420B; MY136781A	Alive	13
2006-05-24	Fireprooflayered; Laminated-structure thing	US1995386925A; WO1995US6378A	BILCO CO	WO199602489A1;US5554433A;US5565274A; EP808246A1;MX199705545A;JP10513240A; KR199870025A;CA2212363C;MX196591B; CN1175228A;KR329092B;CN1079731C; JP03776933B2	Dead	13
2016-06-28	Materiau d'insonorisation acoustique avec permeabilite a la vapeur d'eau controlee et procedes de fabrication de celui-ci; Acoustical sound proofing material with controlled water-vapor permeability and methods for manufacturing same	US2007734770A; WO2008US59960A	SERIOUS MATERIALS INC	US20080251198A1;WO20080128002A1;AU20008240306A1; EP2142720A1;CA2683894A1;CN101743364A; JP2010525190A;US7883763B2;CN10174364B; AU20008240306B2;JP05692745B2;CA2683894C; EP2142720A4	Alive	13

（续）

公开日期	标题	优先权号	终属母公司	同族专利成员	同族专利状态	同族数量
2002-04-17	Set of composite metal-wood sections for door and window frames; Souprava složených profilových sestav z kovu a dřeva pro rámy dveří a oken	ITMI941678A	NORSK HYDRO ASA	EP695847A1；CZ199501962A3；SK199500961A3；ZA199600531A；HU72568T；IT1274697B；EP695847B1；DE6950300 4D1；ES2117352T3；IL114721A；HU218688B；CN1156209A；CZ289855B6	Dead	13
1984-09-03	Verwarmingsdeur	FR197512924A；FR197540204A	ELMETHERM	BE841032A；DE2617701A1；NL197604381A；SE197604665A；FR2308870A；FR2356087A；CH601634A；GB1523982A；US4163144A；CA1060517A1；DE2617701B；IT1060012B；NL176015B	Dead	13
1979-11-30	Porta in particolare per l installazione all interno	DE2426290A	SCHMIDT G R	BE829625A；DE2426290A1；NL197506356A；DK197502259A；FR2273152A；BR197503379A；DE2426290B；US4003163A；CH586343A；GB1474647A；CA1029249A1；AT197503994A；IT1038553B	Dead	13
2006-12-14	External door in wall of building has insulating layer between outer metal and inner plywood sheets	ES20012986U；ES2002809U	HURTADO TORRES J M；HURTADO TORRES J C	FR2833294A1；GB2383073A；DK200201897A；DE10257885A1；NL10221 44C2；FI200202168A；SE200203659A；AT200201852A；SE525192C2；GB2383073B；AT412493B；BE1015292A6；IT1337021B	Alive	13
1977-12-15	Fire resistant heat barrier comprising alkaline earth sulphate mixed with a source of disposable carbon	GB19734263 0A；GB197425887A	PLASTONIUM AG	BE819743A；DE2443254A1；DE2443280A1；NL197412039A；NL197412040A；DK197404752A；DK197404753A；FR2243166A；FR2243303A；CH589189A；GB1480897A；GB1484992A；CH593876A	Dead	13
1993-06-16	Window, door and other closing devices with a glass pane	CS19911493A	ARCHIMEDE PROGETTI SRL	WO1991007563A1；EP454806A1；HU61070T；IT1236316B；CZ199101493A3；PT98222A；IT1242366B；WO1991007563A3；IT1252480B；EP454806B1；DE69026501D1；ES2088782T3；RU2062859C1	Dead	13
2001-07-03	Process of making products from recycled material containing plastics	CA2180882A；WO1997CA483A	WESTLAKE CHEMICAL CORP；AXIALL CORP； ROYAL MOULDINGS LTD； GEORGIA GULF CORP	WO1998001275A1；ZA199706000A；AU199733317A；CA2210124A1；CA2180882A1；EP921920A1；CN1228729A；BR199710254A；JP2000514006A；MX199900439A；AU730567B；US6253527B1	Dead	12

（续）

公开日期	标题	优先权号	终属母公司	同族专利成员	同族专利状态	同族数量
2011-04-29	Composite door frames	CA2214734A	WESTLAKE CHEMICAL CORP	WO1999013191A1;AU1998885504A;CA2214734A1;EP1012434A1;ZA199807487A;HU200100694A2;CZ200000859A3;MX2000002339A;US6412227B1;RU2204675C2;IL134837A;IN199802625I1	Dead	12
2010-03-19	Hollow door of wood material	SG200275760A	MALAYSIA WOODWORKING PTE LTD	WO2004055312A1;AU2003217158A1;GB2411426A;US2006003728IA1;GB2411426B;CN1714219A;IN200502104P1;CN100547220C;IN239355B;SG115509A1;SG115509B;MY140348A	Alive	12
1995-07-31	Fremgangsmåde og apparat til fremstilling af karmprofilelementer f. eks. til vinduer og døre	DE3841798A;DE3917491A	SALAMANDER IND-PROD GMBH	DE3917491C1;EP373371A1;AU198946097A;CA2005157A1;DK198906243A;JP2256782A;EP373371B1;US5104597A;DE58901040D1;ES2033068T3;US5215761A;DK170310B	Dead	12
2016-11-09	Tür und verfahren zur herstellung einer tür; Porte et procédé de formation d'une porte; Door and method of forming a door	AU2013100831A1;WO2014AU623A	INTER-JOIN PTY LTD	AU2013100831A4;WO2014197945A1;CA2915100A1;CN105408569A;AU2014280854A1;EP3008271A1;US20160145935A1;EP3008271A4;AU2014280854B2;US10196853B2;NZ715923A;EP3008271B1	Alive	12
2013-08-01	Framing element for wall, door or window	DE102007059222A	RAUMPLUS GMBH & CO KG	WO2009071235A1;KR2009060203A;JP20091502I1A;CN101481981A;DE102007059222A1;US20090293366A1;TW200934937A;RU2391478C1;KR1081394B1;CN101481981B;HK1130863A;TW1403632B	Dead	12
1991-06-04	Door construction	SE19843541A	SVENSK DOERRTEKNIK AB	GB2161196A;DE3523764A1;FR2567189A;SE198403541A;NO198502404A;FI198502587A;DK198502949A;GB2161196B;SE457815B;US5020292A;CA1282643C	Indeterminate	11

（续）

公开日期	标题	优先权号	竖属母公司	同族专利成员	同族专利状态	同族数量
2015-06-23	Structure de panneau de porte ignifuge; A fireproof door panel structure	GB200821451A	FORMOSA PLASTICS CORPORATION	EP2189612A2;GB2465430A;CA2686268A1;EP2189612A3; GB2500518A;GB2465430B;GB2500518B;GB2465430A8; GB2465430B8;CA2686268C;EP2189612B1	Alive	11
2016-07-20	用于耐火建筑组件的石膏复合材料;Gypsum composite material for fireproof building component	US13538788A; US13538828A; US13603405A; US13610542A; WO2013US48712A	INTELLECTUAL GORILLA BV	US20140000196A1;US8915033B2;CN104471174A; CN104471174B;CA2879604A1;CA2879604C; WO2014005091A1;RU2015102890A;RU2641872C2; JP2015527966A;JP0635832B2	Alive	11
2002-10-22	Systeme de boiserie; Wood trim system	US1992855587A; WO1993GB583A	GENERAL ELECTRIC COMPANY	WO1993019273A1;AU199337621A;US5348066A; GB2279978A;EP656984A1;GB2279978B; EP656984B1;DE69313292D1;US6148883A; CA2132741C;US6560944B1	Dead	11
1994-12-19	Dörkarm	SE19984062A; WO1989SE627A	JELD-WEN INC	WO1990005232A1;SE198804062A;ES2017213A; SE46424B;F1199102274A;NO199101637A; EP442932A1;DK199100859A;JP4501589A; FI93137B;NO176411B	Indeter-minate	11
2014-07-08	Chassis d'ouvrant pour fenetre ou porte vitree, chassis dormant et systeme de fenetre; Casement for a glass window, or leaf for a glass door, window or door frame and window system	EP200715820A; WO2008EP6464A	UNILUX AG	EP2022924A1;WO2009021662A1;CA2695037A1; CN101790617A;EP2022924B1;US20110308180A1; ES2370001T3;CN101790617B;US8627634B2; CA2695037C;EA18304B1	Alive	11
2002-07-10	Montant d'huisserie; Türpfosten;Door frame jamb	US199911 6098P	WESTLAKE CHEMICAL CORP	NZ502137A;AU200010000A;EP1026355A2; CA2294407A1;JP2000213236A;ZA200000077A; CN1263198A;KR2000053498A;TW422910B; MX2000000594A;EP1026355A3	Dead	11

（续）

公开日期	标题	优先权号	终属母公司	同族专利成员	同族专利状态	同族数量
1994-04-29	Set of structural elements for the formation of composite parts of metal and wood; Conjunto de elementos estruturais para a formacao de partes compositas de metal e madeira	PT100468A	NORSK HYDRO ASA	WO199201876A1;AU199215391A;NO199303805A; EP581791A1;FI199304676A;PT100468A; CZ199302248A3;SK199301171A3;HU65814T; BR199205932A;JP6506740A	Dead	11
1999-10-19	Cadre de porte en platre et carton dur; Gypsum fiberboard door frame	US1992932785A; WO1993US7489A	KOCH INDUSTRIES INC	WO199400478A1;AU199350002S;US5347780A; EP656983A1;EP656983A4;JP8500404A; AU682828B;EP656983B1;DE69315218D1; CA2142838C	Dead	10
2011-12-06	Fire-resistant frame assemblies for building	US2002360191P; US2003374927A; US2006381464A	WASHINGTON HARDWOODS AND ARCHITECTURAL PRODUCTS INC	WO2003072888A2;US2003016709A1;AU200321720A1; AU2003217720A8;US7059092B2;US2006019121717A1; US7487591B2;US2009013344A1;US8069625B2; WO2003072888A3	Alive	10
1995-01-12	Industrietor mit starren paneelen	FR19909599A	ASSA ABLOY AB	EP468888A1;FR2665213A;CA2047424A1;HU60834T; US5163493A;CZ199102354A3;AU199210016A; EP468888B1;RU2010935C1;DE69105394D1	Dead	10
1987-03-26	Door case	DE3110155A	RIEPE HANS;RIEPE ALFONS	DE3110155A1;DE3153152A1;DE3153150A1; DE3153151A1;DE3153184A1;DE3153183A1; DE3153185A1;DE3110155C1;DE3153184C1; DE3153183C1	Indeterminate	10
2014-07-15	Porte avec piece d'insertion en verre et son procede d'assemblage;Door with glass insert and method for assembling the same	US2006778974P; WO2007US5685A	MASONITE INTERNATIONAL CORP	US2007020454A1;WO2007103367A2;WO2007103367A3; TW200745437A;CA2645043A1;MX2008011438A; US7721501B2;MX291702B;TWI402412B;CA2645043C	Alive	10

（续）

公开日期	标题	优先权号	终属母公司	同族专利成员	同族专利状态	同族数量
2006-06-28	The panel for construction	JP1999277877A	SUN DENSHI KK	CA2304993A1;JP2001096515A;CN1290796A; KR2001029739A;US2002010240A1;US6513292B2; KR367067B;CA2304993C;CN1114018C;JP03791885B2	Dead	10
1998-10-29	Aussentür	SE19923376A; WO1993E945A	JELD-WEN INC	WO1994011608A1;SE19920376A;AU199455354A; FI19950308A;NO199501874A;EP725882A1; JP8503277A;SE505234C2;EP725882B1;DE69321262D1	Dead	10
2017-01-18	A set of parts for a window light in a door	GB200823667A	FORMOSA PLASTICS CORPORATION	EP2204526A1;GB2466786A;CA2689355A1;GB2466786B; GB2466786A8;GB2466786B8;EP2204526B1; CA2689355C;ES2553964T3;GB2466786C	Alive	10

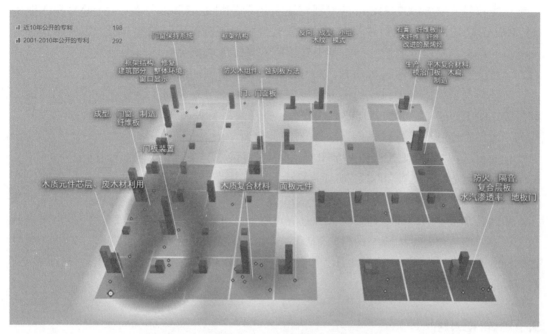

图 9-4　全球木质门多成员专利族专利地图

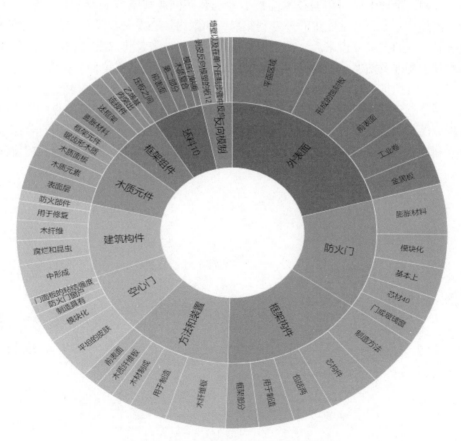

图 9-5　全球木质门多成员专利族聚类分析

　　优先权号为"GB19977318A"的专利申请人的母公司是美森耐公司（MASONITE INTER-NATIONAL CORP），该专利涉及由一种木质合成材料制造模压门皮的方法，以及由这种方法制造的门皮以及由此制造的门。其中在压机中将固体木质合成坯料加热到足以软化该坯料的温度，然后压力致动压机压板，以使其彼此靠近，并在其后周期地增加此压力，由此，使坯料变形为适合于门皮的模压结构，最后将门皮组装成门。该专利在中国的同族专利号为"CN1259894A"和"CN1593871B"，专利权人为美森耐进户门公司，法律状态信息均为未缴年费专利权终止，终止日期为2016年6月1日。

　　优先权号为"WO2008US66139A"的专利族，申请人是美国阿尔巴尼国际公司（ALBANY INT），优先权日期为2008年6月6日，全球同族专利成员27个，布局在世界知识产权组织、欧洲、澳大利亚、印度、巴西、美国、加拿大、中国、墨西哥、韩国、日本、德国、新西兰和俄罗斯。该专利涉及一种具有可卷起门片的高速卷帘门，门片，其由薄板或板条构成，薄板由基本为刚性的材料制成，包括但不限于木材、金属或塑料。该专利在中国的同族专利号为"CN102089491B"和"CN102089491A"，法律状态信息均为授权状态，授权日期为2013年10月23日。

9.3　本章小结

　　分析表明，全球木质门相关技术高被引专利和多同族成员专利族的核心集中在2000年以后，国外核心专利非常注重海外专利布局，而国内核心专利都没有进行海外布局。

　　从核心专利的技术分析来看，被引证次数和同族成员数量排名前几位的木质门相关技术核心专利主要涉及防腐、机械性能、刚度、硬度、耐高温、抗拉伸、抗弯曲、抗冲击、释放负离子、抗菌抑菌、祛除异味、空气清新、阻燃等技术。

　　从专利公开年方面来看，2001—2010全球木质门多成员专利族研究热点主要为门板装置、面板原件、木质复合材料、防火木组件、防火、隔音等。近10年公开的全球木质门多成员专利族专利主要研究热点为：木质元件芯层、废木材利用、框架结构和门窗保持系统等。

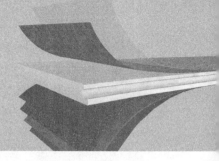

第十章　总结与建议

通过以上分析可以看出，木质门相关技术自 20 世纪 70 年代末出现以来，已有 50 多年的发展历程，国外研究木质门相关技术起步较早，国内相对晚一些，近年来全球木质门相关技术专利量迅速增加。本研究根据前文的结果具体结论及建议如下：

10.1　总结

（1）专利文献量

截至 2017 年 9 月 10 日，全球木质门相关技术专利文献量共 7544 件，按德温特同族合并后共有专利族 5123 项。中国木质门相关技术专利申请公开量共 3377，其中发明专利 1052 件，占总量的 31.2%，实用新型专利 2325 件(68.8%)。

（2）技术广度

除木质门本身所在的分类号 E06B 外，全球木质门相关技术专利涉及的主要技术领域依次是层状产品即由扁平的或非扁平的薄层（B32B）；建筑材料的结构构件（E04C）；木材加工、特种木制品的制造（B27M）；塑料的成型或连接以及塑性状态物质的一般成型（B29C）；一般建筑物构造（E04B）；含有木材或其他木质纤维的或类似有机材料的碎粒或纤维构成的物品干燥制造方法（B27N）；门、窗或翼扇的铰链或其他悬挂装置（E05D）。

（3）总体发展趋势

全球木质门相关技术发展始于 20 世纪 70 年代末，1967—1994 年木质门相关技术专利申请量都比较低，1995—2007 年木质门相关技术专利申请量增长缓慢，2007 年木质门相关技术专利申请量迅速增长。经过 50 多年的发展，目前处于发展阶段。

（4）申请受理国

全球木质门相关技术专利受理局共有 46 个国家（地区、组织）。中国的专利受理量之和占全球总量的近 45%，是木质门相关技术专利的主要布局区域。排名前 10 位的受理局的专利受理量之和占全球总量的 76%，这表明全球木质门相关技术专利布局主要集中在中国、德国、美国、日本等国家。这些国家既是全球木质门的主要市场，也是专利申请人选择的主要专利布局区域，而其他国家和地区则相对不受重视。各个国家（地区、组织）专利木质门相关技术专利受理主要集中在 2003—2017 年期间，而且专利受理量呈增长趋势。

（5）国家技术实力

全球木质门相关技术专利优先权国家（地区、组织）47 个，中国优先权专利总量遥遥领先，共3332件，占全球专利总量的44.2%，中国在木质门领域专利数量上具有优势地位，德国和美国虽然优先权专利量不如中国，但是其海外专利数量和专利总被引频次远远高于中国。美国、德国、英国、法国和奥地利在全球木质门相关技术方面开始研究的时间比较早，而且美国和德国近几年发展势头较好。尽管近年来中国的优先权专利量迅猛增长，但是海外专利量极少，在这方面与美国相比还有一些差距。

（6）木质门主要分类

全球木质门相关技术专利文献量共7544件，含木质门专利6169件，木质门框专利1375件，其中木质门（未涉窗）（5282件）、木质门（涉窗）（887件）、木质门框（856件）和木质门框（涉窗）（519件）。从全球木质门主要分类的公开年度分布来看，木质门和木质门框专利最开始申请时，并没有涉及窗的保护，1973年以后木质门相关专利中才涉及窗的保护，木质门框中涉及窗保护的专利比例高于木质门。从木质门的主要功能特性分类来看，具有隔热耐热功能的木质门专利最多，防盗功能的木质门专利最少。从木质门的主要分类来看，相对于木质门（涉窗），未涉及窗保护的木质门专利更注重防火和防盗功能，涉及窗保护的木质门专利，则注重隔热耐热功能。木质复合门专利的主要组成材料中，金属、玻璃和塑料三种材料排名前3位。木质板材类的5种材料中，含有胶合板的专利量最多，实木次之，层压木专利量最少。涉及金属的木质复合门专利中，含有铝合金的专利最多。根据木质复合门相关技术专利主要组成材料自相关矩阵，除了刨花板和层压木没有同时出现在木质复合门专利文献中，其他任意两种材料的组合都同时出现在木质复合门专利文献中。从木质门的主要功能特性分类来看，具有隔热耐热功能的木质门专利最多，防盗功能的木质门专利最少。从木质门的主要分类来看，相对于木质门（涉窗），未涉及窗保护的木质门专利更注重防火和防盗功能，涉及窗保护的木质门专利，则注重隔热耐热功能。

（7）技术竞争者

全球木质门相关技术专利的申请人共2935个，从专利申请人全球申请总量来看，排名前38的41位的申请人中，企业30家，个人申请人11位。美国有19个，中国有9个，德国有4个，瑞典有2个，加拿大2个，法国、日本、新西兰、韩国和中国台湾各有1个。德国和瑞典等申请人的专利公开时间较早，且企业申请人之间存在专利技术合作。美国的美森耐公司（MASONITE CORP）是木质门核心技术的主要竞争者，欧洲和中国为其最注重的市场。

中国的专利申请人其专利公开量主要集中在2008—2017年且近年增长迅速。中国的木质门主要企业申请人为浙江瑞明节能科技股份有限公司、江山显进机电科技服务有限公司、黑龙江华信家具有限公司和哈尔滨森鹰窗业股份有限公司，但是除了浙江瑞明节能科技股份有限公司有2条国际专利申请外，其他申请人没有海外布局。中国的企业专利申请人在海外专利布局方面与国外申请人还存在较大的差距。从中国的发明专利量来看，相对发明申请专利，专利权人更注重发明授权专利的维护。

国外申请人的木质门相关专利主要结构分类为未涉及窗保护的木质门专利。中国的浙江瑞明节能科技股份有限公司、哈尔滨森鹰窗业股份有限公司和河北奥润顺达窗业有限公司三位木质门相关专利企业申请人的专利中，木质门（涉窗）的专利数量要远高于未涉窗的木质门专利。国内外主要企业申请人的木质门相关专利主要集中在隔热耐热和防火两种功能分类。

10. 2 建议

（1）以企业为主体，加强技术攻关

中国虽然木质门相关技术专利量占优势，但与美国、日本和德国等国家相比，中国在木质门相关技术领域起步晚，海外专利布局少。这说明中国的木质门相关技术与这些国家还有一定差距。面对这种情况，一方面，建议企业加强与林业科研机构的联合创新。国内如浙江大学和南京林业大学也申请了木质门相关专利，企业通过寻求与这些科研机构的合作，可以实现技术资源互补、降低投入成本和开发风险，促进技术创新。另一方面，建议有一定实力的企业通过收购并购具有技术研发实力的公司提升竞争力。收并购国内外具有自主知识产权、较强的研发团队以及市场地位的相关企业，既可以直接获得大量专利技术，也可以获得具有研发实力的团队，这一方式已经逐渐成为国内企业快速提升规模、提升核心竞争力的重要途径和便捷之路。

（2）注重海外专利布局

中国木质门相关技术专利优先权专利总量遥遥领先，在专利量方面具有绝对的优势，但是海外布局专利量非常少，这与中国木质门相关技术专利质量水平和申请人海外专利布局意识两方面有关。国内木质门相关企业单位应加大技术创新投入，提高专利技术质量水平，并积极进行木质门相关技术专利的海外布局。对于少数掌握有核心技术的企业单位或个人，要增强核心专利海外布局意识，可以采取核心专利保护战略，围绕核心专利进行研发和申请外围专利，进行核心专利的海外布局。截至目前，浙江瑞明节能科技股份有限公司的木质门核心专利已经在美国进行了申请，这是木质门专利"走出去"的良好开端。中国的海外专利申请中，有两件属于竹门相关专利，国内企业可结合我国竹质资源优势，加强竹门相关专利研究。

（3）充分利用失效专利，提高技术研发起点

专利权具有时间性和地域性限制，企业应动态跟踪和关注核心专利的法律状态。对一些技术含量高、具备开发应用价值的失效专利，以及未进入中国的专利进行仔细甄别，合理利用。在高被引的木质门专利中，大部分早已超过专利保护期限而成为公知技术，国内技术可以直接借鉴和使用。部分专利即将超过专利的 20 年的保护期，国内企业可以提前关注以便充分利用该技术。另外，美森耐公司在中国申请的发明专利均已经失效。国内企业在对上述已失效核心专利技术进行消化吸收再创新的同时还应该密切关注国外公司围绕其核心专利进行的后续技术改进和专利布局。

（4）注重防火、防盗和环保再生木质门的研究

从木质门的主要功能特性分类来看，具有隔热耐热功能的木质门专利最多，防盗功能的木质门专利最少。高被引专利的研究热点主要集中在防火门、结构构件、木门外表面、木纤维、框架构件和木质复合等方向。木质门研究的热点领域为隔热耐热功能和防火木质门研究，而防盗木质门领域为相对薄弱的专利布局区域，国内企业应积极开展该领域研究，更容易取得专利优势。

近 10 年公开的全球木质门多成员专利族专利主要研究热点为木质元件芯层、废木材利用、框架结构和门窗保持系统等。废弃木质材料的循环利用为当下研究的热点之一，目

前利用废弃木质材料生产木质门的相关专利多为个人所申请，国内企业应与科研单位互用优势，紧密合作，通过技术创新和新设备研制，在废弃木质材料生产木质门领域取得突破。

(5) 深入分析国内外市场知识产权风险

美国、德国等国家在很多国家进行了木质门相关技术专利布局，包括在中国进行专利布局，而国内企业在国外仅仅申请了几件专利。国内企业在从事木质门相关技术研发时，一方面可以根据关键技术的专利现状进行规避设计或者调整研发路线，避免后续知识产权风险，另一方面可以针对具体的亟待解决的技术问题和难点在专利文献中寻找技术解决方案。国内木质门相关企业产品出口时也必须注意侵权风险，出口前应提前做好侵权分析和调研，降低侵权风险。

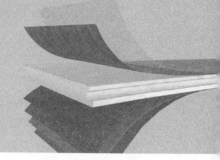

参考文献

陈燕，黄迎燕，方建国，等．2006．专利信息采集与分析[M]．北京：清华大学出版社．

董潇丽．国外知识产权战略对我国的启示[J]．法制与经济，2010（22）：116-117.

方曙，胡正银，庞弘燊，等．基于专利文献的技术演化分析方法研究[J]．情报研究，2011，55（22）：42-46.

付贺龙，王忠明，马文君，等．世界木塑复合材料专利分析[J]．木材工业，2019，33（2）：39-43.

付贺龙，王忠明，范圣明，等．木材用生物质胶黏剂技术专利分析[J]．木材工业，2015（5）：24-28.

高鑫．我国室内木质门行业与质量现状[J]．砖瓦世界，2019（14）：291.

贾佳，孙吉庆．基于核心专利分析对技术创新应用发展的研究[J]．情报理论与实践，2009，32（1）：78-81.

吕斌，付跃进，张玉萍．我国木质门行业的发展现状与趋势[J]．木材工业，2008（5）：17-20.

李伟光，张占宽．我国木质门需关注的质量问题与解决措施[J]．中国人造板，2018，25（7）：1-5.

马文君，王忠明，龚玉梅，等．我国林业知识产权预警机制问题探讨[J]．世界林业研究，2011，24（5）：77-78.

马文君，王忠明，范圣明，等．国内外木质材料干燥技术专利分析[J]．木材工业，2018，32（2）：28-32，37.

王衍．专利分析在企业竞争情报中的应用研究[J]．情报探索，2012（1）：58-60.

王忠明，范圣明，张慕博，等．木/竹重组材制造技术专利分析[J]．木材工业，2016（1）：25-30.

许方荣．我国木质门产业现状与发展趋势[J]．林产工业，2011（2）：9-12.

杨志萍，陈云伟，方曙，等．中国科学院与国外研究机构的发明专利技术相关性比较分析[J]．木材工业，2010（12）：215-218.

朱一军，付跃进，王彩霞．我国木质门行业现状与主要发展制约因素[J]．木材工业，2013（1）：39-42.

朱一军，付跃进，王彩霞，等．我国木质门标准现状与存在问题[J]．中国人造板，2012（10）：19-23.

Young Gil Kim, Jong Hwan Suh, Sang Chan Park. 2008. Visualization of patent analysis for emerging technology [J]. Expert Systems with Applications, 34: 1804-1812.

World Intellectual PropertyOrganisation. 2008. Patent-based Technology Analysis Report-Alternative Energy.

Heinz Mueller, Theodor Nyfeler. Quality in patent information retrieval-Communication as the key factor[J]. World Patent Information, 2011, 33(4): 383-385.

Maropoulos P G, Ceglarek D. Design verification and validation in product lifecycle[J]. CIRP Annals-Manufacturing Technology, 2010, 59(2): 740-759.

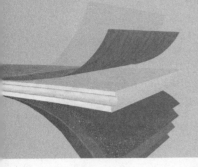

附表 1　申请人名称中英文对照表

英文名	中文名
MASONITE CORP	美森耐公司
ZHEJIANG RUIMING ENERGY SAVING DOORS & W	浙江瑞明节能科技股份有限公司
MDF INC	MDF 公司
JIANGSHAN XIANJIN MECHANICAL & ELECTRICAL TECHNOLOGY SERVICE	江山显进机电科技服务有限公司
HEILONGJIANG HUAXIN FURNITURE CO LTD	黑龙江华信家具有限公司
HARBIN SAYYAS WINDOWS CO LTD	哈尔滨森鹰窗业股份有限公司
NAN YA PLASTICS CORP	南亚塑胶工业股份有限公司
SWEDOOR AB	SWEDOOR AB 公司
MATSUSHITA ELECTRIC WORKS LTD	松下电工株式会社
MESENNY ENTRANCE DOOR CO LTD	美森耐进户门公司
HEBEI ORIENT SHUNDA WINDOWS CO LTD	河北奥润顺达窗业有限公司
ZHEJIANG JINQI DOORS CO LTD	浙江金旗门业有限公司
ANDERSEN CORPORATION	安德森公司
INT PAPER TRADEMARK CO	国际纸业商标公司
PREMADOR INC	普雷姆多国际公司
METHONITE INT CORP	玛索尼特国际公司
ANHUI ANWANG DOORS CO LTD	安徽安旺门业股份有限公司
GEORGIA PACIFIC CORP	乔治亚太平洋
UNILUX AG	优尼路科斯公司
ZHEJIANG JIANGSHAN RUNAN DOOR IND CO LTD	浙江江山润安门业有限公司
GUANGDONG SHENGBAOLUO DOOR IND CO LTD	广东圣堡罗门业有限公司
LG CHEM LTD	LG 化学株式会社
FORMOSA PLASTICS CORPORATION	台湾塑胶工业股份有限公司
INTELLECTUAL GORILLA GMBH	知识产权古里亚有限责任公司
WASHINGTON HARDWOODS & ARCHITECTURAL PROD	华盛顿硬木建筑产品公司
HOLLMAN INC	霍尔曼公司
JELD-WEN INC	杰尔德—文股份有限公司

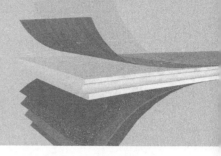

附表 2　国家(地区、组织)代码

代码	国家(地区、组织)	代码	国家(地区、组织)
AR	阿根廷	JP	日本
AU	澳大利亚	KR	韩国
BE	比利时	MT	马耳他
BR	巴西	MX	墨西哥
CA	加拿大	NL	荷兰
CH	瑞士	NO	挪威
CN	中国	NZ	新西兰
CZ	捷克共和国	PL	波兰
DE	德国	PT	葡萄牙
DK	丹麦	RU	俄罗斯
EP	欧洲专利局	SE	瑞典
ES	西班牙	SG	新加坡
FI	芬兰	SU	前苏联
FR	法国	TR	土耳其
GB	英国	TW	中国台湾
HK	中国香港	US	美国
IL	以色列	VN	越南
IN	印度	WO	世界知识产权组织
IT	意大利		

附表3 中国有效实用新型木质门相关专利

公开号	标题	公开日期	当前申请人	法律状态/事件
CN206233819U	一种隔音木门	2017-06-09	广州市粤林木业有限公司	授权
CN206233814U	铝质蜂窝带窗防火门	2017-06-09	江阴市海盛船舶配套装潢有限公司	授权
CN206233807U	一种组合式木门	2017-06-09	广州市粤林木业有限公司	授权
CN206220797U	一种木塑烤漆玻璃门	2017-06-06	河南新兴木塑科技有限公司	授权
CN206205733U	一种木质隔音门	2017-05-31	广州和升隔音技术有限公司	授权
CN206205723U	铝质蜂窝双开防火门	2017-05-31	江阴市海盛船舶配套装潢有限公司	授权
CN206190127U	铝木组合的双玻门窗结构	2017-05-24	王沙沙	授权
CN206174773U	360°全包覆复合门边框型材	2017-05-17	河南艺格智造家居有限公司	授权；权利转移
CN206174764U	带真中梃的门窗结构	2017-05-17	浙江瑞明节能科技股份有限公司	授权
CN206158521U	一种改进型对开钢木质隔热防火门	2017-05-10	安徽安旺门业股份有限公司	授权；质押
CN206158523U	一种单开木质隔热防火门	2017-05-10	安徽安旺门业股份有限公司	授权；质押
CN206158457U	一种新型组合式木门框	2017-05-10	广东大吉门业有限公司	授权
CN206158531U	加强密闭性的断桥木铝共生推拉门	2017-05-10	四川美萨门窗有限公司	授权；质押
CN206158522U	一种带窗双开钢木质隔热防火门	2017-05-10	安徽安旺门业股份有限公司	授权；质押
CN206158514U	一种防变形具隔音的木艺结构	2017-05-10	浙江绍兴花为媒家私有限公司	授权
CN206144398U	一种复合实木门	2017-05-03	宁夏三木装饰材料制造有限公司	授权
CN206144387U	断桥木铝共生推拉门	2017-05-03	四川美萨门窗有限公司	授权；质押
CN206129080U	一种强化内填充钢木质防火门	2017-04-26	广州市腾龙门业有限公司	授权
CN206129078U	一种内填充钢木质防火门	2017-04-26	广州市腾龙门业有限公司	授权
CN206129082U	一种钢木质隔热防火门	2017-04-26	江苏省金鑫安防设备有限公司	授权
CN206129060U	一种可拆卸的不锈钢实木装甲门扇	2017-04-26	杨碧文	授权
CN206129053U	一种模压加木雕花组装门页	2017-04-26	重庆星星套装门(集团)有限责任公司	授权

（续）

公开号	标题	公开日期	当前申请人	法律状态/事件
CN206129054U	一种拼雕门	2017-04-26	重庆星星套装门（集团）有限责任公司	授权
CN206129079U	一种内填充木质防火门	2017-04-26	广州市腾龙门业有限公司	授权
CN206129043U	科技木木质混合包铝门窗	2017-04-26	王正强	授权
CN206111013U	一种异色组合的回旋木门	2017-04-19	肇庆市现代筑美家居有限公司	授权
CN206111012U	一种高密度复合门	2017-04-19	湖州南浔恒峰家居科技有限公司	授权
CN206110988U	铝木组合的三玻门窗结构	2017-04-19	王沙沙	授权
CN206091805U	一种钢木质防火子母门	2017-04-12	惠州市盈盾晖实业有限公司	授权
CN206091812U	原木静音门	2017-04-12	佛山市艾臣家居科技有限公司	授权
CN206091732U	加强型静音门框	2017-04-12	佛山市艾臣家居科技有限公司	授权
CN206091772U	无缝封边实木门扇	2017-04-12	江华松	授权
CN206091803U	一种钢木质隔热防火门	2017-04-12	惠州市盈盾晖实业有限公司	授权
CN206071397U	一种带窗钢木质隔热防火门	2017-04-05	安徽安旺门业股份有限公司	授权；质押
CN206071372U	侧插式结构活动芯板可随意变换芯板的木门	2017-04-05	河北日上建材制造有限公司	授权
CN206071400U	防火包边钢木门	2017-04-05	浙江群喜门业有限公司	授权
CN206071349U	一种自动控制镶嵌式室内门	2017-04-05	河北日上建材制造有限公司	授权
CN206053784U	一种防火免漆门	2017-03-29	重庆家由来家具有限公司	授权
CN206053792U	一种静音复合门	2017-03-29	重庆家由来家具有限公司	授权
CN206053752U	一种仿实木复合门板	2017-03-29	重庆品智家具有限公司	授权
CN206053721U	一种新型组合实木门	2017-03-29	重庆品智家具有限公司	授权
CN206053750U	一种多功能拼接门板	2017-03-29	重庆品智家具有限公司	授权
CN206053754U	一种新型的可存储的木门	2017-03-29	重庆品智家具有限公司	授权
CN206053785U	一种新型防火高强度钢制木门	2017-03-29	江苏省金鑫安防设备有限公司	授权
CN206053793U	一种无胶静音室内门	2017-03-29	河南孟氏兄弟广源木业有限公司	授权
CN206053781U	一种实木复合防火门	2017-03-29	重庆家由来家具有限公司	授权
CN206053755U	一种环保多层门板	2017-03-29	重庆品智家具有限公司	授权
CN206053763U	利用木质废余料生产的木门	2017-03-29	浙江亚厦产业园发展有限公司	授权
CN206053756U	一种实木门	2017-03-29	重庆家由来家具有限公司	授权
CN206053751U	一种实木门扇	2017-03-29	重庆家由来家具有限公司	授权
CN206035287U	一种烤漆欧式门	2017-03-22	河南新兴木塑科技有限公司	授权
CN206035301U	一种新型平板门	2017-03-22	浙江钰翔木业有限公司	授权
CN206035225U	一种具有防潮防水功能的实木门框边结构及实木门框	2017-03-22	福建省尤溪县红树林木业有限公司	授权
CN206035311U	一种防撬木门	2017-03-22	重庆迪雅套装门有限责任公司	授权
CN206035302U	一种平板门	2017-03-22	浙江钰翔木业有限公司	授权
CN206035253U	钢木质隔热防火双扇门	2017-03-22	成都四海防火制品有限公司	授权

（续）

公开号	标题	公开日期	当前申请人	法律状态/事件
CN206035316U	钢木质隔热防火单扇门	2017-03-22	成都四海防火制品有限公司	授权
CN206035295U	一种实木烤漆门	2017-03-22	江山百家旺门业有限责任公司	授权
CN206035298U	一种实木复合烤漆门	2017-03-22	江苏喜来登木业有限公司	授权
CN206016601U	一种塑木复合型门窗	2017-03-15	江苏轻舟装饰工程有限公司	授权；质押
CN206016549U	一种铝包木门窗安装施工结构	2017-03-15	陕西建工第十一建设集团有限公司	授权
CN206016570U	一种铝木复合门窗	2017-03-15	江苏轻舟装饰工程有限公司	授权
CN206016593U	一种古建筑木门	2017-03-15	浙江鎏增古建园林工程有限公司	授权
CN206016587U	一种中低门页	2017-03-15	重庆星星套装门（集团）有限责任公司	授权
CN206016564U	一种木门	2017-03-15	浙江鎏增古建园林工程有限公司	授权
CN206016550U	无槛门结构	2017-03-15	浙江瑞明节能科技股份有限公司	授权
CN206016565U	一种木门	2017-03-15	浙江鎏增古建园林工程有限公司	授权
CN206000399U	木质隔热防火门	2017-03-08	安徽安旺门业股份有限公司	授权；质押
CN206000343U	一种新型的木质门套板	2017-03-08	肇庆市现代筑美家居有限公司	授权
CN205976981U	一种原木平板门	2017-02-22	贵州六合门业有限公司	授权
CN205976924U	一种基于无甲醛基材并释放负离子的木门	2017-02-22	上海叶氏装潢有限公司	授权
CN205976982U	一种原木全方门芯	2017-02-22	贵州六合门业有限公司	授权
CN205955569U	一种木门扣线以及原木门	2017-02-15	盐城悦胜兴楼梯有限公司	授权
CN205955534U	一种木门扣线以及原木门	2017-02-15	盐城悦胜兴楼梯有限公司	授权
CN205955567U	木门	2017-02-15	赵付强	授权
CN205936267U	一种实木钢芯防盗门	2017-02-08	南通金鼎龙文化创意股份有限公司	授权；权利转移
CN205936233U	OSB板整体式木门	2017-02-08	湖北宝源装饰材料有限公司	授权
CN205936250U	一种实木复合门扇	2017-02-08	河南艺格智造家居有限公司	授权；权利转移
CN205936232U	OSB板整体免漆门	2017-02-08	湖北宝源装饰材料有限公司	授权
CN205936213U	铝木复合推拉门	2017-02-08	山东意象铝品科技有限公司	授权
CN205936286U	一种隔音气密门	2017-02-08	南通金鼎龙文化创意股份有限公司	授权；权利转移
CN205936248U	OSB板内芯式木门	2017-02-08	湖北宝源装饰材料有限公司	授权
CN205936156U	一种耐用的木质门框	2017-02-08	福建省瑞森文化创意有限公司	授权
CN205936249U	一种可防变形的实木复合门	2017-02-08	南通金鼎龙文化创意股份有限公司	授权；权利转移
CN205936353U	一种防变形超高实木复合门	2017-02-08	南通金鼎龙文化创意股份有限公司	授权；权利转移
CN205918323U	一种钢木质隔热防火门	2017-02-01	安徽安旺门业股份有限公司	授权；质押
CN205918321U	一种客运站双重防火门	2017-02-01	浙江新华建设有限公司	授权
CN205908226U	钢木质隔热防火门的门面板更换结构	2017-01-25	福建辉盛消防科技股份有限公司	授权
CN205908222U	加强结构的钢木质隔热防火门	2017-01-25	福建辉盛消防科技股份有限公司	授权

（续）

公开号	标题	公开日期	当前申请人	法律状态/事件
CN205908227U	可更换门面板的钢木质隔热防火门	2017-01-25	福建辉盛消防科技股份有限公司	授权
CN205908223U	具观察窗口的隔热防火门	2017-01-25	福建辉盛消防科技股份有限公司	授权
CN205908225U	改进型防火门	2017-01-25	福建辉盛消防科技股份有限公司	授权
CN205908190U	一种复合型木门结构	2017-01-25	江山欧派门业有限公司	授权
CN205894998U	一种模块化免开槽复合门窗边框	2017-01-18	河南艺格智造家居有限公司	授权；权利转移
CN205895011U	一种隔噪型木包铝门窗结构	2017-01-18	门窗港科技（北京）有限公司	授权
CN205895006U	一种基于立向基材的门体结构	2017-01-18	广州康隆木业制造有限公司	授权
CN205876083U	一种木门扣线以及原木门	2017-01-11	盐城悦胜兴楼梯有限公司	授权
CN205876078U	一种木塑水波纹磨砂玻璃门	2017-01-11	河南新兴木塑科技有限公司	授权
CN205876045U	一种室内防火门固定结构	2017-01-11	北京市金龙腾装饰股份有限公司	授权；质押
CN205840689U	反咬口实木复合新型防盗门	2016-12-28	沈阳昊诚兴亚科技发展有限公司	授权
CN205840659U	拼接型防盗门	2016-12-28	沈阳昊诚兴亚科技发展有限公司	授权
CN205840622U	一种铝包木金刚网一体窗	2016-12-28	山东卡夫斯门窗有限公司	授权；权利转移
CN205840675U	健康木质复合门	2016-12-28	浙江金迪门业有限公司	授权
CN205840697U	楔形防寒防盗密闭门	2016-12-28	沈阳昊诚兴亚科技发展有限公司	授权
CN205840704U	一种带有四层玻璃的保温降噪铝包木窗	2016-12-28	哈尔滨阁韵窗业有限公司	授权
CN205840628U	一种断桥铝包木金刚网一体窗	2016-12-28	山东卡夫斯门窗有限公司	授权；权利转移
CN205840691U	双咬口实木复合新型防盗门	2016-12-28	沈阳昊诚兴亚科技发展有限公司	授权
CN205823097U	一种屏蔽防护平开门	2016-12-21	株洲合力电磁技术有限公司	授权
CN205823033U	一种门框	2016-12-21	ZHENG XIAOFENG	授权
CN205823085U	一种屏蔽防护平开门的门扇	2016-12-21	株洲合力电磁技术有限公司	授权
CN205823081U	一种防暴力破坏的组合门	2016-12-21	刘永生	授权
CN205805344U	一种加固式防火门	2016-12-14	天津市瑞英达门窗有限公司	授权
CN205805322U	一种钢木门结构	2016-12-14	湖北永和安门业有限公司	授权
CN205805323U	一种复合木门	2016-12-14	孙毅	授权
CN205778203U	连体纱窗断桥铝木复合外开下悬窗	2016-12-07	赵春晓	授权
CN205778284U	一种多组件拼接式推拉门	2016-12-07	浙江喜盈门家居科技股份有限公司	授权；质押
CN205778355U	一种隔音门	2016-12-07	靖江亚泰船用物资有限公司	授权；权利转移
CN205778307U	一种装甲门	2016-12-07	河南孟氏兄弟广源木业有限公司	授权
CN205778282U	一种防变形木门	2016-12-07	河南孟氏兄弟广源木业有限公司	授权
CN205778352U	一种双重静音门	2016-12-07	河南孟氏兄弟广源木业有限公司	授权
CN205743533U	一种单板层积材木门	2016-11-30	江山欧派门业有限公司	授权
CN205743542U	一种多组件拼接式柜门	2016-11-30	浙江喜盈门家居科技股份有限公司	授权；质押
CN205743447U	一种可调节间距的生态木门套	2016-11-30	湖南益丰新材料有限公司	授权

（续）

公开号	标题	公开日期	当前申请人	法律状态/事件
CN205743534U	一种防变形超高门扇	2016-11-30	杭州铭成装饰工程有限公司	授权
CN205743478U	一种内腔发泡填充的高隔热性能集成木材	2016-11-30	广州行盛玻璃幕墙工程有限公司	授权
CN205713682U	一种竹铝复合门窗系统	2016-11-23	浙江中南幕墙科技股份有限公司	授权
CN205713797U	一种稳定安装木门	2016-11-23	天津兆强木业有限公司	授权
CN205713823U	一种钢木质隔热防火装甲门	2016-11-23	深圳市恒昌达实业有限公司	授权
CN205713784U	设把手的木门	2016-11-23	江山千禧门业有限公司	授权
CN205713810U	一种竹铝复合门窗型材的卡接件	2016-11-23	浙江中南幕墙科技股份有限公司	授权
CN205713783U	设有把手滚球支撑的木门	2016-11-23	江山千禧门业有限公司	授权
CN205713772U	一种保温型木包铝门窗结构	2016-11-23	门窗港科技（北京）有限公司	授权
CN205713785U	一种精雕铝门	2016-11-23	浙江百家万安门业有限公司	授权
CN205689049U	一种外开式木包铝复合门窗	2016-11-16	北京市腾美骐科技发展有限公司	授权
CN205689073U	一种复合隔音木门板	2016-11-16	天津品辉木业有限公司	授权
CN205689083U	一种防火隔音木门板	2016-11-16	天津品辉木业有限公司	授权
CN205689053U	一种复杂饰面暗门的安装结构	2016-11-16	深圳市宝鹰建设集团股份有限公司	授权
CN205677475U	一种橡木指接原木门	2016-11-09	重庆海安家具有限公司	授权
CN205663366U	原木门扇组装榫接结构、原木门	2016-10-26	盐城悦胜兴楼梯有限公司	授权
CN205654258U	高性能工艺门	2016-10-19	杨健康	授权
CN205638162U	一种实木隔音降噪室内门	2016-10-12	天津龙甲特种门窗有限公司	授权
CN205638116U	木质隔热防火门	2016-10-12	盐城市云海防火门窗有限公司	授权；质押
CN205638154U	防火防辐射木门	2016-10-12	盐城市云海防火门窗有限公司	授权
CN205638151U	一种钢木复合防火门扇	2016-10-12	天津龙甲特种门窗有限公司	授权
CN205638117U	一种内开和外开通用的实木门	2016-10-12	河北奥润顺达窗业有限公司	授权
CN205638149U	一种木质隔音防火门	2016-10-12	天津龙甲特种门窗有限公司	授权
CN205638110U	防火防开裂木门	2016-10-12	盐城市云海防火门窗有限公司	授权
CN205638163U	一种 OSB 减震隔音门	2016-10-12	穆力赛（上海）新材料科技股份有限公司	授权
CN205618027U	一种复合门窗	2016-10-05	黑龙江林海华安新材料股份有限公司	授权
CN205618046U	一种隐藏式排水铝木复合门窗	2016-10-05	山东三玉窗业有限公司	授权
CN205617993U	一种水密性和气密性结合的铝木复合门窗	2016-10-05	山东三玉窗业有限公司	授权
CN205604995U	一种新型铝包木门窗	2016-09-28	天津市金海天桥工贸有限公司	授权
CN205591760U	一种木质防火门扇	2016-09-21	河北九安防火门制造集团有限公司	授权
CN205591746U	一种木制防火门	2016-09-21	北京思卓菲尔科技有限公司	授权；权利转移
CN205558721U	一种钢木宿舍门	2016-09-07	泰州金盾特种防火门有限公司	授权
CN205558720U	一种隔热防火门	2016-09-07	泰州金盾特种防火门有限公司	授权

（续）

公开号	标题	公开日期	当前申请人	法律状态/事件
CN205558701U	实木木门	2016-09-07	张云	授权
CN205558646U	一种铝包木窗	2016-09-07	北京杰禹森窗业有限公司	授权
CN205532061U	一种木花艺术门窗	2016-08-31	腾冲金木工艺门窗有限公司	授权
CN205531989U	一种船用可组装式木质门结构	2016-08-31	江龙船艇科技股份有限公司	授权
CN205532122U	一种钢制防火门	2016-08-31	北京思卓菲尔科技有限公司	授权；权利转移
CN205531966U	一种木质铝型材隐框隔音门	2016-08-31	芬格隔墙系统（北京）有限公司	授权
CN205532057U	一种新型门	2016-08-31	卓达新材料科技集团河北有限公司	授权；保全
CN205502892U	一种弹性扣持组件及其门	2016-08-24	周清	授权
CN205502809U	具有防火门锁销装置的木质防火门	2016-08-24	江苏盛阳消防门业有限公司	授权
CN205502931U	一种多层复合木质隔音门	2016-08-24	者尼文化传媒（北京）有限责任公司	授权
CN205477213U	一种实木芯拼框门	2016-08-17	广州天之湘装饰材料有限公司	授权；权利转移
CN205477250U	吸声隔热意杨 LVL 实木复合门	2016-08-17	南京林业大学	授权；许可
CN205477254U	一种室内木质拼接烤漆防火门	2016-08-17	河北九安防火门制造集团有限公司	授权
CN205477256U	一种隔音效果好的门	2016-08-17	亚萨合莱三和汕头门业有限公司	授权；权利转移
CN205477255U	一种空心木质防火门扇	2016-08-17	河北九安防火门制造集团有限公司	授权
CN205445321U	铝合金树脂薄木内开节能门窗系统	2016-08-10	浙江瑞明节能科技股份有限公司	授权
CN205422408U	一种新型复合材料豪华仿木模压门	2016-08-03	胜利油田新大管业科技发展有限责任公司	授权
CN205400473U	一种复合木质门	2016-07-27	北京京武宏达建材科技有限公司	授权；许可；权利转移
CN205400408U	一种防腐门框	2016-07-27	青岛汉普顿木业有限公司	授权
CN205387894U	一种防水门板	2016-07-20	北美枫情木家居(江苏)有限公司	授权
CN205370363U	具有防火门锁销装置的钢木质防火门	2016-07-06	江苏盛阳消防门业有限公司	授权
CN205349110U	高阻燃钢木质防火门	2016-06-29	江苏盛阳消防门业有限公司	授权
CN205349145U	一种复合拼接木门	2016-06-29	北京京武宏达建材科技有限公司	授权；许可；权利转移
CN205349143U	高阻燃木质防火门	2016-06-29	江苏盛阳消防门业有限公司	授权
CN205330397U	一种铝包木装饰门	2016-06-22	广州富友玻璃制品有限公司	授权
CN205314852U	一种保温隔音木门	2016-06-15	浙江佳迪门业有限公司	授权
CN205314851U	一种用于木质隔热防火门的复合骨架	2016-06-15	鹤山联塑实业发展有限公司	授权
CN205314853U	一种保温隔音木门的结构	2016-06-15	浙江佳迪门业有限公司	授权
CN205314787U	一种木饰面暗门结构	2016-06-15	周清	授权
CN205314850U	一种新型木质隔热防火门	2016-06-15	鹤山联塑实业发展有限公司	授权

（续）

公开号	标题	公开日期	当前申请人	法律状态/事件
CN205297252U	小木屋门	2016-06-08	邱敦	授权
CN205297214U	边条美化铝框木门	2016-06-08	章其兵	授权
CN205277149U	一种腔体加厚的铝包木内开窗	2016-06-01	洛克木铝建材（天津）有限公司	授权
CN205277150U	一种新型玻璃安装方式的铝包木门窗	2016-06-01	洛克木铝建材（天津）有限公司	授权
CN205277142U	一种包裹铝材边缘的铝包木门窗	2016-06-01	洛克木铝建材（天津）有限公司	授权
CN205277223U	一种木质免漆防火门	2016-06-01	国泰消防科技股份有限公司	授权；权利转移
CN205277151U	一种铝木复合窗	2016-06-01	洛克木铝建材（天津）有限公司	授权
CN205277198U	钢木拼装室内门	2016-06-01	四川兴事发门窗有限责任公司	授权
CN205277220U	新型门窗隔音防火型材	2016-06-01	浙江宏博新型建材有限公司	授权
CN205277200U	拼装实木门	2016-06-01	四川兴事发门窗有限责任公司	授权
CN205277248U	一种木铝复合安装组件	2016-06-01	洛克木铝建材（天津）有限公司	授权
CN205259847U	一种单开中式装甲门	2016-05-25	上海璞玉门业有限公司	授权
CN205259801U	一种玻璃钢防水节能门	2016-05-25	运城市太运建材有限公司	授权
CN205259822U	一种石材质门的新型安装结构	2016-05-25	陈勇金	授权
CN205259851U	一种门体及其板材	2016-05-25	桦甸市城市基础设施开发建设投资有限公司	授权；权利转移
CN205243361U	一种内置中空玻璃的多功能安全门	2016-05-18	北京嘉寓门窗幕墙股份有限公司	授权；权利转移
CN205243371U	一种放射科用防辐射隔离门	2016-05-18	四川红帆特种设备工程有限公司	授权；权利转移
CN205224963U	加强型玻璃钢门用木质门框	2016-05-11	安徽鑫煜门窗有限公司	授权
CN205225000U	可拆卸式钢木门	2016-05-11	卢华胜	授权
CN205225028U	一种具有独立排水门窗的下框铝型材	2016-05-11	天津木艺家节能建材科技股份有限公司	授权
CN205225002U	多功能木门	2016-05-11	张忠明	授权
CN205206611U	一种铝木门复合隔热拼接板	2016-05-04	苏州市利德装饰装潢有限公司	授权
CN205206653U	一种防蚊虫的铝木复合门	2016-05-04	苏州市利德装饰装潢有限公司	授权
CN205206657U	一种带静音锁具的木门	2016-05-04	郑州闳闳嵩阳木业有限公司	授权
CN205206621U	一种带静音结构的木门框	2016-05-04	郑州闳闳嵩阳木业有限公司	授权
CN205206658U	一种防火实木门	2016-05-04	大滔（天津）金属装饰有限公司	授权
CN205206620U	一种阻尼内挂推拉木门	2016-05-04	郑州闳闳嵩阳木业有限公司	授权
CN205206619U	一种具有静音功能的木门	2016-05-04	郑州闳闳嵩阳木业有限公司	授权
CN205172347U	一种热转印膜贴面实木复合门	2016-04-20	江山欧派门业有限公司	授权
CN205172334U	木包铝提升推拉门	2016-04-20	北京市腾美骐科技发展有限公司	授权
CN205172297U	防潮防霉门套基础结构	2016-04-20	上海申远建筑设计有限公司	授权；权利转移
CN205172333U	木包铝推拉折叠门	2016-04-20	北京市腾美骐科技发展有限公司	授权
CN205153930U	一种隔音防火单开门	2016-04-13	浙江亚厦装饰股份有限公司	授权

（续）

公开号	标题	公开日期	当前申请人	法律状态/事件
CN205153931U	一种隔音防火双开门	2016-04-13	浙江亚厦装饰股份有限公司	授权
CN205153906U	一种木门窗扇的组框结构	2016-04-13	浙江瑞明节能科技股份有限公司	授权
CN205153901U	一种铝合金门架及铝木复合门扇	2016-04-13	河南百润环保科技有限公司	授权
CN205153890U	一种多功能木塑门	2016-04-13	濮阳市东宝科技发展有限公司	授权
CN205153900U	一种安全木塑门	2016-04-13	濮阳市东宝科技发展有限公司	授权
CN205153894U	一种门扇内部门架及铝木结合门扇	2016-04-13	河南百润环保科技有限公司	授权
CN205153933U	隔声复合板和隔声门	2016-04-13	中国林业科学研究院木材工业研究所	授权
CN205153843U	一种金属饰面门	2016-04-13	深圳市建艺装饰集团股份有限公司	授权
CN205135311U	一种铝合金纤维板组合的门结构	2016-04-06	广州诗尼曼家居股份有限公司	授权
CN205135312U	一种防止地弹簧脱落的木制门组件	2016-04-06	浙江亚厦装饰股份有限公司	授权
CN205117164U	一种木质隔音门	2016-03-30	名豪木业（惠州）有限公司	授权
CN205117135U	一种水纹波浪板木质门	2016-03-30	名豪木业（惠州）有限公司	授权
CN205089135U	一种组合式防腐建筑门板	2016-03-16	山东米兰之窗系统门窗幕墙有限公司	授权；权利转移
CN205063669U	一种新型快装木质套装门	2016-03-02	浙江亚厦装饰股份有限公司	授权
CN205063707U	一种多功能折叠门	2016-03-02	上海恳大实业有限公司	授权
CN205063730U	一种铝包木门窗外铝框拼条装置	2016-03-02	河南省托菲克节能门窗有限公司	授权
CN205063732U	一种铝木复合门窗框铝框组角的注胶内衬装置	2016-03-02	河南省托菲克节能门窗有限公司	授权
CN205063673U	一种铝木复合门窗安装卡件装置	2016-03-02	河南省托菲克节能门窗有限公司	授权
CN205063668U	一种铝包木门窗内置加强骨架钢衬装置	2016-03-02	河南省托菲克节能门窗有限公司	授权
CN205047050U	一种快装木质套装门	2016-02-24	浙江亚厦装饰股份有限公司	授权
CN205047093U	一种工艺木门	2016-02-24	北京际洲木业有限公司	授权
CN205047109U	一种钢木质隔热防火门	2016-02-24	安徽安旺门业股份有限公司	授权；质押
CN205047090U	一种实木门结构	2016-02-24	浙江喜盈门家居科技股份有限公司	授权
CN205047082U	一种复合门板	2016-02-24	北京际洲木业有限公司	授权
CN205036251U	一种发泡陶瓷防火保温门	2016-02-17	佛山绿岛盈嘉装饰科技有限公司	授权
CN205025275U	一种纯原木拼板铝木复合门窗	2016-02-10	彭智君	授权
CN205012876U	一种新型的实木原木门	2016-02-03	广东合众君实业有限公司	授权
CN205000853U	一种木门	2016-01-27	周清	授权
CN205000821U	一种木塑铝复合型门窗	2016-01-27	济南东林机械制造有限公司	授权
CN204984186U	木质门框	2016-01-20	深圳时代装饰股份有限公司	授权
CN204984083U	一种焊接连接的铝包木门窗	2016-01-20	天津木艺家节能建材科技股份有限公司	授权

(续)

公开号	标题	公开日期	当前申请人	法律状态/事件
CN204960701U	一种可拆卸木门	2016-01-13	杭州新思路金属制品有限公司	授权
CN204960707U	一种空心实木门	2016-01-13	安徽安旺门业股份有限公司	授权；质押
CN204941174U	多功能铝木门	2016-01-06	湖州兴德瑞明节能门窗有限公司	授权
CN204941213U	实木门	2016-01-06	淄博万家园木业有限公司	授权
CN204941187U	一种新型铝包木高透光推拉门	2016-01-06	北京米兰之窗节能建材有限公司	授权
CN204920639U	室内木门的双重封闭结构	2015-12-30	陈国胜	授权
CN204920718U	一种隐藏式排水的铝包木门窗结构	2015-12-30	广州行盛玻璃幕墙工程有限公司	授权；权利转移
CN204920686U	一种新型防火防盗入户子母门	2015-12-30	广东合众君实业有限公司	授权
CN204920688U	一种实木门板	2015-12-30	厦门金牌厨柜股份有限公司	授权
CN204920700U	一种用于木门窗框或扇框的组框装置	2015-12-30	浙江瑞明节能科技股份有限公司	授权
CN204920655U	一种铝包木单扇内开门	2015-12-30	河北奥润顺达窗业有限公司	授权
CN204920695U	一种新型古建筑木门	2015-12-30	常熟古建园林建设集团有限公司	授权
CN204920696U	一种隐藏纱窗古建筑木门	2015-12-30	常熟古建园林建设集团有限公司	授权
CN204899598U	木塑复合型材	2015-12-23	江苏德重新材料技术有限公司	授权；权利转移
CN204899668U	一种门体	2015-12-23	桦甸市城市基础设施开发建设投资有限公司	授权；权利转移
CN204899599U	一种铝木塑复合型材	2015-12-23	河北力尔铝业有限公司	授权；质押
CN204899627U	一种单动源控制的具有离合器自动开关锁及开关门的单扇门	2015-12-23	广西平果铝安福门业有限责任公司	授权
CN204877173U	户枢型暗藏式木质隔热防火门	2015-12-16	晋合家居(苏州)有限公司	授权
CN204877066U	一种曲柄滑块机构控制的单动源自动开关与锁紧的双扇门	2015-12-16	广西平果铝安福门业有限责任公司	授权
CN204877065U	一种曲柄双滑块机构控制的单动源自动双扇门	2015-12-16	广西平果铝安福门业有限责任公司	授权
CN204850949U	一种镶嵌圆弧造型的实木门板	2015-12-09	志邦家居股份有限公司	授权
CN204850950U	一种镶嵌铜条的纯实木门板	2015-12-09	志邦家居股份有限公司	授权
CN204850972U	一种改进防火门	2015-12-09	浙江采丰木业有限公司	授权
CN204850952U	一种隔音门扇	2015-12-09	江苏佳禾木业有限公司	授权
CN204850908U	一种铝木复合门窗	2015-12-09	太原力业装饰工程股份有限公司	授权；质押
CN204850894U	一种竹木门框结构	2015-12-09	祁门县建兴竹木制品有限责任公司	授权
CN204827114U	铝木复合门窗固定插脚	2015-12-02	太原力业装饰工程股份有限公司	授权；质押
CN204827054U	一种铝木门窗型材	2015-12-02	四川美萨门窗有限公司	授权
CN204827108U	复合实木门	2015-12-02	柳州林道轻型木结构制造有限公司	授权
CN204804610U	一种防变形造型门	2015-11-25	安徽尚佰智能家居有限公司	授权；权利转移
CN204804608U	隔热效果好的铝包木一体式门窗	2015-11-25	肖斌	授权
CN204804607U	平开式铝包木金钢网一体门窗	2015-11-25	肖斌	授权

（续）

公开号	标题	公开日期	当前申请人	法律状态/事件
CN204804612U	一种仿实木铝合金门	2015-11-25	周艳苏	授权
CN204782564U	一种铝木复合推拉节能门窗系统	2015-11-18	浙江瑞明节能科技股份有限公司	授权
CN204782616U	新型实木门	2015-11-18	李玉新	授权
CN204782594U	一种复古式门窗结构	2015-11-18	富阳市明鑫塑钢安装有限公司	授权
CN204782585U	一种铝包木内开节能门窗系统	2015-11-18	浙江瑞明节能科技股份有限公司	授权
CN204754628U	一种无甲醛基材制造的木门	2015-11-11	上海叶氏装潢有限公司	授权
CN204754663U	一种木塑门框的玻璃门	2015-11-11	陈锦平	授权
CN204754697U	一种双开门	2015-11-11	浙江华威门业有限公司	授权
CN204728902U	铝包木外开门窗系统	2015-10-28	浙江瑞明节能科技股份有限公司	授权
CN204728927U	纯木仿古折叠门系统	2015-10-28	浙江瑞明节能科技股份有限公司	授权
CN204728922U	铝合金薄木复合推拉门窗系统	2015-10-28	浙江瑞明节能科技股份有限公司	授权
CN204716032U	设有中空玻璃的铝木复合门窗	2015-10-21	百乐(杭州)建材有限公司	授权
CN204716038U	铝合金薄木复合提升推拉门窗系统	2015-10-21	浙江瑞明节能科技股份有限公司	授权
CN204716059U	新型木质结构隐形门	2015-10-21	博洛尼智能科技青岛有限公司	授权；权利转移
CN204716012U	铝木节能门	2015-10-21	湖州兴德瑞明节能门窗有限公司	授权
CN204716053U	多功能门结构	2015-10-21	湖州兴德瑞明节能门窗有限公司	授权
CN204716013U	一种新型木门	2015-10-21	湖州兴德瑞明节能门窗有限公司	授权
CN204716054U	铝木复合节能门	2015-10-21	湖州兴德瑞明节能门窗有限公司	授权
CN204716024U	设有双中空玻璃的铝木复合门窗	2015-10-21	百乐(杭州)建材有限公司	授权
CN204716065U	一种木门结构	2015-10-21	湖州兴德瑞明节能门窗有限公司	授权
CN204716014U	铝合金薄木复合外开门窗系统	2015-10-21	浙江瑞明节能科技股份有限公司	授权
CN204703701U	一种具有良好抗变形能力的复合门	2015-10-14	陈泽鑫	授权
CN204703682U	框架结构	2015-10-14	VKR 控股公司	授权
CN204703699U	石材与实木复合装饰门	2015-10-14	成都新象建材有限公司	授权
CN204703698U	实木与金属复合装饰门	2015-10-14	成都新象建材有限公司	授权
CN204703697U	实木与皮革复合装饰门	2015-10-14	成都新象建材有限公司	授权
CN204691586U	一种具有空气净化功能的实木组合门	2015-10-07	潍坊相府家园装饰材料有限公司	授权
CN204645983U	铝木复合提升推拉门	2015-09-16	百乐(杭州)建材有限公司	授权
CN204645964U	一种可调安装间隙的组合木门框	2015-09-16	冠星迦南门业(厦门)有限公司	授权；质押
CN204627312U	新型耐温抗老化的门窗	2015-09-09	温州碧戈之都鞋业有限公司	授权
CN204627355U	实木复合防火门	2015-09-09	江苏省金鑫安防设备有限公司	授权
CN204627354U	绿色免漆木质防火门	2015-09-09	江苏省金鑫安防设备有限公司	授权
CN204609646U	一种单动源控制的具有安全离合器的自动单扇门	2015-09-02	广西平果铝安福门业有限责任公司	授权

（续）

公开号	标题	公开日期	当前申请人	法律状态/事件
CN204609647U	一种单动源控制的具有缓冲开关锁装置的自动单扇门	2015-09-02	广西平果铝安福门业有限责任公司	授权
CN204609678U	一种新型实木门	2015-09-02	浙江申瑞门业有限公司	授权
CN204609668U	一种环保木门	2015-09-02	浙江申瑞门业有限公司	授权
CN204609644U	一种单动源控制的可自动开关锁及开关门的双扇门	2015-09-02	广西平果铝安福门业有限责任公司	授权
CN204609645U	一种具有机械顺序控制的单动源自动开关锁及开关门的单扇门	2015-09-02	广西平果铝安福门业有限责任公司	授权
CN204609677U	一种防变形木门	2015-09-02	浙江申瑞门业有限公司	授权
CN204590993U	一种铝木复合提升推拉节能门窗系统	2015-08-26	浙江瑞明节能科技股份有限公司	授权
CN204591039U	薄木饰面镶嵌防盗门	2015-08-26	王力安防科技股份有限公司	授权；权利转移
CN204590992U	铝木复合型材	2015-08-26	朱滨义	授权
CN204591029U	一种手摇外开窗的铝包木门窗系统	2015-08-26	浙江瑞明节能科技股份有限公司	授权
CN204571720U	一种新型多层结构的原木门	2015-08-19	周冬阳	授权
CN204571715U	一种木门	2015-08-19	王迪	授权
CN204552519U	一种组装式套装门	2015-08-12	大连源滨木业有限公司	授权
CN204552455U	纯木仿古门窗	2015-08-12	浙江瑞明节能科技股份有限公司	授权
CN204552472U	高低温试验箱的门框	2015-08-12	上海申雁制冷设备股份有限公司	授权
CN204552535U	一种PET防火门	2015-08-12	石家庄曾氏天安门业有限公司	授权
CN204552507U	一种采取底端防水措施的复合门	2015-08-12	河北日上建材制造有限公司	授权
CN204552473U	一种可拆卸铝木门窗	2015-08-12	吉林省润太建筑材料有限公司	授权
CN204552481U	纯木外开门窗系统	2015-08-12	浙江瑞明节能科技股份有限公司	授权
CN204552515U	防潮套门	2015-08-12	重庆什木坊门业有限公司	授权
CN204552533U	一种木制防火门	2015-08-12	石家庄曾氏天安门业有限公司	授权
CN204552510U	防潮复合木门	2015-08-12	柳州林道轻型木结构制造有限公司	授权
CN204552506U	一种拼接紧固式钢木门	2015-08-12	河北日上建材制造有限公司	授权
CN204552459U	带有隐藏式合页的纯木仿古门	2015-08-12	浙江瑞明节能科技股份有限公司	授权
CN204552523U	新型合晶能量门	2015-08-12	关伟	授权
CN204552540U	隔音复合木门	2015-08-12	柳州林道轻型木结构制造有限公司	授权
CN204531946U	一种实木门框或窗框	2015-08-05	山东宝庄窗业有限责任公司	授权
CN204531967U	一种不易变形的木制防火门	2015-08-05	石家庄市永庆建材木业有限公司	授权
CN204533125U	一种实木门框或窗框的框边的锁合固定装置	2015-08-05	山东宝庄窗业有限责任公司	授权
CN204511208U	一种无铅型辐射防护门门体	2015-07-29	湖南康宁达医疗科技股份有限公司	授权；质押
CN204511222U	薄木饰面线条框装饰防盗门	2015-07-29	王力安防科技股份有限公司	授权；权利转移
CN204476166U	实木门扇	2015-07-15	吴国洪	授权；权利转移

（续）

公开号	标题	公开日期	当前申请人	法律状态/事件
CN204476214U	智能铝木复合门窗装置	2015-07-15	中国十七冶集团有限公司	授权
CN204476161U	一种安全门的门扇	2015-07-15	查普曼科技开发有限公司	授权；权利转移
CN204457261U	木铝复合中式门窗结构	2015-07-08	丁耀	授权
CN204457307U	多层贴面凹凸门板	2015-07-08	朱良迁	授权
CN204457317U	具有防撞装置的木门系统	2015-07-08	黄龙辉	授权
CN204420540U	一种板材和采用此板材的门	2015-06-24	吉林兄弟木业集团有限公司	授权
CN204418908U	一种门套	2015-06-24	吕万祥	授权
CN204418947U	一种具有门扇拼接美缝结构的钢木复合门	2015-06-24	河北日上建材制造有限公司	授权
CN204418945U	一种钢木复合门扇结构	2015-06-24	河北日上建材制造有限公司	授权
CN204418946U	一种具有防变形插接结构的门	2015-06-24	河北日上建材制造有限公司	授权
CN204402288U	隔音防火单开门	2015-06-17	浙江亚厦产业园发展有限公司	授权
CN204402289U	隔音防火双开门	2015-06-17	浙江亚厦产业园发展有限公司	授权
CN204402294U	一种防腐节能门窗	2015-06-17	四川亿胜建设集团有限公司	授权
CN204402284U	薄木饰面防盗门	2015-06-17	浙江王力门业有限公司	授权；无效程序；权利转移
CN204386389U	一种具有养生孔的边框型材	2015-06-10	河南艺格智造家居有限公司	授权；权利转移
CN204386378U	一种型材推拉门	2015-06-10	安徽高德铝业有限公司	授权
CN204370953U	钢木门的铰链结构	2015-06-03	浙江赛银将军门业有限公司	授权
CN204371017U	实木门	2015-06-03	上海徐德楼梯有限公司	授权
CN204343931U	一种静音木门	2015-05-20	苏州联丰木业有限公司	授权
CN204311936U	一种实木覆膜门窗暗榫结构	2015-05-06	浙江研和新材料股份有限公司	授权
CN204311940U	钢制装甲门	2015-05-06	江苏省金鑫安防设备有限公司	授权
CN204311944U	一种钢木防火门	2015-05-06	江苏省金鑫安防设备有限公司	授权
CN204299423U	一种内筋加固式钢木复合门	2015-04-29	上海璞玉门业有限公司	授权
CN204299392U	一种嵌入式钢木复合门	2015-04-29	上海璞玉门业有限公司	授权
CN204283087U	门挡	2015-04-22	山东霞光实业有限公司	授权
CN204283079U	实木芯套装门门框及实木芯套装门门框组件	2015-04-22	江华松	授权
CN204283125U	组合式套装木门	2015-04-22	王吉昌	授权
CN204283115U	波浪板移门	2015-04-22	山东霞光实业有限公司	授权
CN204266848U	一种新型门板	2015-04-15	北美枫情木家居（江苏）有限公司	授权；权利转移
CN204238766U	一种新型白杨实木门结构	2015-04-01	付成永	授权
CN204238773U	新型钢木室内门	2015-04-01	河北日上建材制造有限公司	授权
CN204238750U	新型室内门套	2015-04-01	河北日上建材制造有限公司	授权
CN204200025U	一种钢木防火门	2015-03-11	宁波凯锦消防器材有限公司	授权
CN204199983U	一种仿古内开实木窗	2015-03-11	高碑店顺达墨瑟门窗有限公司	授权

（续）

公开号	标题	公开日期	当前申请人	法律状态/事件
CN204175136U	高防变形门芯板	2015-02-25	石家庄世纪之峰门业有限公司	授权
CN204163547U	铝木复合门窗型材	2015-02-18	贾永礼	授权
CN204152386U	一种铝包木门窗压条	2015-02-11	北京米兰之窗节能建材有限公司	授权
CN204098735U	一种钢木复合防火门扇	2015-01-14	天津盛达防火门技术有限公司	授权
CN204098723U	一种艺术门	2015-01-14	上海捷源铝制品有限公司	授权
CN204098689U	一种木质门框	2015-01-14	深圳时代装饰股份有限公司	授权
CN204081886U	一种木制门窗框架结构的组框结构	2015-01-07	浙江瑞明节能科技股份有限公司	授权
CN204081885U	一种新型结构钢木门门扇	2015-01-07	上海璞玉门业有限公司	授权
CN204081811U	实木门套线条	2015-01-07	徐卫华	授权
CN204060381U	防火防水隔音实木门板	2014-12-31	陈振华	授权
CN204060340U	一种新型木包铝门扇或窗扇	2014-12-31	蔡昌丽	授权
CN204060390U	一种木质门的防变形结构	2014-12-31	深圳市中科建设集团有限公司	授权
CN204060418U	一种有防火结构的木门	2014-12-31	浙江红利富实木业有限公司	授权
CN204060380U	夹芯彩板平开门	2014-12-31	湖南金海集团有限公司	授权；权利转移
CN204040804U	一种实木门窗通用型拼樘构件	2014-12-24	河北奥润顺达窗业有限公司	授权
CN204040771U	一种通用型拼樘构件	2014-12-24	河北奥润顺达窗业有限公司	授权
CN204040795U	防变形木门	2014-12-24	深圳市美佳装饰设计工程有限公司	授权
CN204040770U	一种木门加固组件	2014-12-24	浙江红利富实木业有限公司	授权
CN204002338U	铝木门窗的新型装饰结构	2014-12-10	陈国胜	授权
CN204002371U	一种木包铝门窗的玻璃支撑结构	2014-12-10	山西惠峰幕墙门窗有限责任公司	授权
CN204002392U	一种木包铝门窗的木材连接结构	2014-12-10	山西惠峰幕墙门窗有限责任公司	授权
CN204002326U	一种木包铝门窗隔热条压合结构	2014-12-10	山西惠峰幕墙门窗有限责任公司	授权
CN204002285U	一种木包铝门窗结构	2014-12-10	山西惠峰幕墙门窗有限责任公司	授权
CN204002427U	水冷式钢木质防火门	2014-12-10	南通承悦装饰集团有限公司	授权；权利转移
CN203978166U	一种门窗框料型材	2014-12-03	河北瑞邦新材料科技有限公司；刁国锋	授权
CN203978154U	一种铝木门窗型材	2014-12-03	丁洪云	授权
CN203978141U	一种木门安装结构	2014-12-03	德才装饰股份有限公司	授权
CN203961635U	一种新型铝木复合节能门窗系统	2014-11-26	浙江瑞明节能科技股份有限公司	授权
CN203925125U	无槛门门窗的实木组合外框下口组框结构	2014-11-05	浙江瑞明节能科技股份有限公司	授权
CN203925127U	无槛门门窗的复合型材外框下口组框结构	2014-11-05	浙江瑞明节能科技股份有限公司	授权
CN203925153U	一种高性能的铝包木外开门窗	2014-11-05	河北奥润顺达窗业有限公司	授权
CN203925126U	无槛门门窗的实木组合外框组框结构	2014-11-05	浙江瑞明节能科技股份有限公司	授权

（续）

公开号	标题	公开日期	当前申请人	法律状态/事件
CN203891703U	静音 T 形钢木入户门	2014-10-22	卢华胜	授权
CN203891704U	钢包木入户门	2014-10-22	卢华胜	授权
CN203879289U	生态木柔性嵌入铝合金复合式隔热型材	2014-10-15	胡善田	授权
CN203867368U	一种壁纸/壁布墙面木门套安装结构	2014-10-08	东易日盛家居装饰集团股份有限公司	授权
CN203856366U	一种隔音门	2014-10-01	浙江海博门业有限公司	授权
CN203846956U	一种装饰防火门	2014-09-24	浙江申瑞门业有限公司	授权
CN203846930U	木包框结构	2014-09-24	湖州申瑞门业有限公司	授权
CN203846951U	木包框实木装甲门结构	2014-09-24	浙江申瑞门业有限公司	授权
CN203835175U	木包竹环保门	2014-09-17	浙江震坤实业有限公司	授权
CN203835174U	环保门	2014-09-17	浙江震坤实业有限公司	授权
CN203835179U	竹包木环保门	2014-09-17	浙江震坤实业有限公司	授权
CN203835216U	改良型环保门	2014-09-17	浙江震坤实业有限公司	授权
CN203822094U	方格型门芯整体面板式无榫木质门扇	2014-09-10	南通承悦装饰集团有限公司	授权；权利转移
CN203808737U	锁点隐藏式铝木复合门窗	2014-09-03	山东三玉窗业有限公司	授权
CN203808740U	高效节能铝木复合门窗	2014-09-03	山东三玉窗业有限公司	授权
CN203808779U	一种嵌插组合式木门门扇	2014-09-03	史先锋	授权
CN203808771U	一种轻质节能门芯	2014-09-03	廊坊华日家具股份有限公司	授权
CN203796071U	一种铝木复合门窗铝合金连接件	2014-08-27	汤城	授权
CN203796074U	木屋用抗形变复合式门框	2014-08-27	德胜(苏州)洋楼有限公司	授权
CN203796067U	节能环保型铝木复合外平开窗	2014-08-27	安徽嘉伟新材料科技有限责任公司	授权
CN203796089U	一种铝包木手摇外开门窗	2014-08-27	安徽嘉伟新材料科技有限责任公司	授权
CN203783338U	一种全隐式铝包木门窗	2014-08-20	浙江瑞明节能科技股份有限公司	授权
CN203783368U	木质移门防脱落安装结构	2014-08-20	苏州金螳螂建筑装饰股份有限公司	授权
CN203783357U	一种木包铝门窗	2014-08-20	北京市腾美骐科技发展有限公司	授权
CN203783341U	一种全隐式铝木复合门窗	2014-08-20	浙江瑞明节能科技股份有限公司	授权
CN203783339U	一种铝木复合隐框结构	2014-08-20	浙江瑞明节能科技股份有限公司	授权
CN203783390U	一种带隐蔽通风气道的实木门	2014-08-20	上海全筑建筑装饰集团股份有限公司	授权
CN203769580U	一种集成材仿古木门	2014-08-13	西安高科幕墙门窗有限公司	授权
CN203769581U	一种凹型木门	2014-08-13	浙江开洋木业有限公司	授权；权利转移
CN203755967U	木质保健门扇	2014-08-06	青岛顺福木业有限公司	授权
CN203729809U	一种模压网格门	2014-07-23	志邦家居股份有限公司	授权
CN203716751U	一种隔热防火门框结构	2014-07-16	东莞市德曼木业有限公司	授权
CN203716752U	一种包覆有木质皮层的钢质门框	2014-07-16	东莞市德曼木业有限公司	授权

（续）

公开号	标题	公开日期	当前申请人	法律状态/事件
CN203684973U	木质隔音防火门	2014-07-02	台州市新龙甲防火门有限公司	授权；权利转移
CN203684975U	木质隔热防火单扇门	2014-07-02	台州市新龙甲防火门有限公司	授权；权利转移
CN203684958U	木质隔热防火双扇门	2014-07-02	台州市新龙甲防火门有限公司	授权；权利转移
CN203684976U	木质隔音防火单扇门	2014-07-02	台州市新龙甲防火门有限公司	授权；权利转移
CN203669665U	防火门	2014-06-25	台州市新龙甲防火门有限公司	授权；权利转移
CN203669651U	一种可拆装木门及其连接件	2014-06-25	内蒙古美润门业有限责任公司	授权
CN203669624U	一种隔声保温窗结构	2014-06-25	天津威盾门窗有限公司	授权
CN203669623U	碳化木门窗型材	2014-06-25	浙江瑞美精益木业有限公司	授权
CN203669646U	一种可拆装木门及其结构	2014-06-25	内蒙古美润门业有限责任公司	授权
CN203669666U	木质隔音阻燃防火门	2014-06-25	台州市新龙甲防火门有限公司	授权；权利转移
CN203669663U	木质隔音防火门	2014-06-25	台州市新龙甲防火门有限公司	授权；权利转移
CN203669664U	木质隔音防火双扇门	2014-06-25	台州市新龙甲防火门有限公司	授权；权利转移
CN203640575U	复合门芯质防火隔热门	2014-06-11	重庆光明消防设备厂	授权
CN203626510U	具有防水、隔热隔音性能的木铝复合外开门	2014-06-04	郭涛	授权
CN203626553U	一种具有防水隔热隔音性能的木铝复合外开无障碍门	2014-06-04	郭涛	授权
CN203626539U	表面贴木皮的实木门	2014-06-04	柳州林道轻型木结构制造有限公司	授权
CN203603725U	一种新型防霉环保木门	2014-05-21	湖州南浔恒峰家居科技有限公司	授权；质押
CN203603694U	实木门边框结构	2014-05-21	湖州南浔恒峰家居科技有限公司	授权；质押
CN203603722U	改进型耐用木门	2014-05-21	湖州南浔恒峰家居科技有限公司	授权；质押
CN203584216U	一种简易防盗木门	2014-05-07	浙江吉安木业有限公司	授权
CN203584210U	防盗木门	2014-05-07	浙江吉安木业有限公司	授权
CN203559709U	一种隐扇式节能门窗外框安装结构	2014-04-23	浙江瑞明节能科技股份有限公司	授权
CN203559705U	一种隐扇式纯木节能门窗系统	2014-04-23	浙江瑞明节能科技股份有限公司	授权
CN203547379U	一种实木复合门套	2014-04-16	江山欧派门业有限公司	授权
CN203547445U	可降解环保防火木门板及环保防火木门	2014-04-16	利昌工程建材有限公司	授权
CN203531692U	一种百叶门	2014-04-09	深圳市亚泰国际建设股份有限公司	授权
CN203499483U	一种钢木室内门的门扇	2014-03-26	浙江金凯德工贸有限公司	授权
CN203499461U	一种隔热断桥铝木复合推拉门	2014-03-26	山东泰义金属科技有限公司	授权
CN203499487U	一种平开门	2014-03-26	深装总建设集团股份有限公司	授权
CN203499436U	木塑门套	2014-03-26	肇庆市现代筑美家居有限公司	授权
CN203476138U	新型防盗木门	2014-03-12	浙江吉安木业有限公司	授权
CN203476056U	一种塑木铝复合新型门窗型材	2014-03-12	四川柯美特铝业有限公司	授权
CN203476125U	一种木门结构	2014-03-12	浙江吉安木业有限公司	授权

（续）

公开号	标题	公开日期	当前申请人	法律状态/事件
CN203476149U	木门窗	2014-03-12	吉林宏原实木制品有限公司	授权
CN203476055U	一种门窗用型材	2014-03-12	云南三元德隆铝业有限公司	授权
CN203452554U	铝木复合门窗木框转角组合结构	2014-02-26	营口永壮铝塑型材有限公司	授权；权利转移
CN203430285U	铝包木窗	2014-02-12	甄麒皓	授权
CN203430322U	提升推拉门	2014-02-12	甄麒皓	授权
CN203420629U	一种仿古建筑钢木结构隔扇门	2014-02-05	陕西古建园林建设有限公司	授权
CN203412449U	可伸缩木门套	2014-01-29	北京港源建筑装饰工程有限公司	授权
CN203412474U	一种木质复合防火门扇	2014-01-29	江苏翔森建设工程有限公司	授权
CN203403786U	一种复合防火门	2014-01-22	天津盛达防火门技术有限公司	授权
CN203394294U	木门中池板与边枋改进的结合结构	2014-01-15	安徽富煌木业有限公司	授权；权利转移
CN203394268U	一种装饰木门	2014-01-15	博洛尼智能科技青岛有限公司	授权；权利转移
CN203374137U	一种铝合金生态门	2014-01-01	湖南经阁投资控股集团有限公司	授权
CN203361852U	木质防火门套	2013-12-25	深装总建设集团股份有限公司	授权
CN203361885U	竹制门窗型材	2013-12-25	江西省固欧家居实业有限公司	授权
CN203361950U	一种实木门扇	2013-12-25	广东圣堡罗门业有限公司	授权
CN203361874U	一种纯木中式仿古门窗	2013-12-25	哈尔滨华兴木业有限公司	授权
CN203347543U	铝木复合门窗	2013-12-18	天津市旺嘉宝建材有限责任公司	授权
CN203347599U	45°角接铝包木外开式门窗	2013-12-18	天津市旺嘉宝建材有限责任公司	授权
CN203347467U	实木外开式门窗	2013-12-18	天津市旺嘉宝建材有限责任公司	授权
CN203334900U	实木复合门板	2013-12-11	兰考华兰家具有限公司	授权；质押
CN203334910U	一种智能化保温隔音钢木复合入户门	2013-12-11	江苏中洋集团股份有限公司	授权
CN203321248U	木塑夹层门	2013-12-04	哈尔滨中大型材科技股份有限公司	授权
CN203321249U	木塑夹层门	2013-12-04	哈尔滨中大型材科技股份有限公司	授权
CN203308292U	一种薄木铝合金复合门窗系统	2013-11-27	浙江瑞明节能科技股份有限公司	授权
CN203308337U	新型工艺木门	2013-11-27	湖州世友门业有限公司	授权
CN203308293U	一种薄木铝合金复合门窗系统的框型材	2013-11-27	浙江瑞明节能科技股份有限公司	授权
CN203308305U	一种高性能塑木铝复合门窗的扇型材	2013-11-27	浙江瑞明节能科技股份有限公司	授权
CN203308308U	一种薄木铝合金复合门窗系统的扇型材	2013-11-27	浙江瑞明节能科技股份有限公司	授权
CN203308291U	一种高性能塑木铝复合门窗	2013-11-27	浙江瑞明节能科技股份有限公司	授权
CN203308294U	一种高性能塑木铝复合门窗的框型材	2013-11-27	浙江瑞明节能科技股份有限公司	授权
CN203296590U	木塑铝共挤型材与铝合金型材组合门窗	2013-11-20	北京京武宏达建材科技有限公司	授权

（续）

公开号	标题	公开日期	当前申请人	法律状态/事件
CN203285299U	木铝复合外开门	2013-11-13	高碑店顺达墨瑟门窗有限公司	授权
CN203271449U	一种隐藏式开启门窗防风排水型材	2013-11-06	浙江奇龙建材有限公司	授权
CN203271506U	一种隔声门门板结构	2013-11-06	广州嘉晟声学灯光工程有限公司	授权
CN203271435U	一种组合式实木门框	2013-11-06	广东圣堡罗门业有限公司	授权
CN203271479U	一种易组合实木门扇	2013-11-06	广东圣堡罗门业有限公司	授权
CN203257261U	复合铝木门窗	2013-10-30	武汉鼎加达建材有限公司	授权
CN203248014U	适应潮胀干缩的实木门	2013-10-23	济宁瑞宏家具装饰工程有限公司	授权
CN203239189U	一种大规格木门扇	2013-10-16	浙江亚厦装饰股份有限公司	授权
CN203239188U	转轴门结构	2013-10-16	康福克灵有限公司	授权
CN203239159U	框结构	2013-10-16	株式会社好特客	授权
CN203213812U	一种带木条挡板的门框	2013-09-25	张善元	授权
CN203213866U	一种基于智能感应的PC板材防砸门	2013-09-25	北京天河地塬安防技术服务有限公司	授权
CN203213868U	一种防火无毒竹材门板	2013-09-25	张善元	授权
CN203213856U	一种铜包木门	2013-09-25	北京瑞茂金属装饰有限公司	授权
CN203201377U	一种木质多腔体铝木复合门窗	2013-09-18	河北奥润顺达窗业有限公司	授权
CN203201379U	一种高性能薄木铝塑复合门窗	2013-09-18	浙江瑞明节能科技股份有限公司	授权
CN203201419U	一种钢木装甲门	2013-09-18	邦德集团有限公司	授权
CN203201380U	拆装式门套	2013-09-18	江山欧派门业有限公司	授权
CN203188833U	新型的门型材结构	2013-09-11	佛山市南海盾美装饰材料有限公司	授权；质押；权利转移
CN203188832U	木门及其门挺和门芯板的连接结构	2013-09-11	原乙淇	授权
CN203175287U	一种装饰门	2013-09-04	周清	授权
CN203160975U	组合式实木门框	2013-08-28	吴国洪	授权；权利转移
CN203161022U	一种防盗实木门	2013-08-28	广东圣堡罗门业有限公司	授权
CN203145757U	一种定向结构OSB木门	2013-08-21	湖北宝源装饰材料有限公司	授权
CN203145754U	一种定向结构OSB框架门	2013-08-21	湖北宝源装饰材料有限公司	授权
CN203145756U	一种定向结构OSB套装门	2013-08-21	湖北宝源装饰材料有限公司	授权
CN203145717U	一种铝木复合平开窗	2013-08-21	山东华建铝业集团有限公司	授权
CN203145742U	一种高强度定向结构OSB木门	2013-08-21	湖北宝源装饰材料有限公司	授权
CN203145741U	一种定向结构OSB装饰木门	2013-08-21	湖北宝源装饰材料有限公司	授权
CN203114046U	一种铝木复合外开门	2013-08-07	北京米兰之窗节能建材有限公司	授权
CN203114018U	一种可现场组装的实木窗	2013-08-07	北京米兰之窗节能建材有限公司	授权
CN203114045U	一种隔热断桥铝木复合外开地弹门	2013-08-07	山东泰义金属科技有限公司	授权

（续）

公开号	标题	公开日期	当前申请人	法律状态/事件
CN203114062U	带整体玻璃压条的实木窗	2013-08-07	北京米兰之窗节能建材有限公司	授权
CN203114025U	一种双五金槽口的铝木外开门	2013-08-07	北京米兰之窗节能建材有限公司	授权
CN203114027U	一种铝木复合外开窗	2013-08-07	北京米兰之窗节能建材有限公司	授权
CN203097636U	钢木门的无缝封边结构	2013-07-31	浙江金凯德工贸有限公司	授权
CN203097634U	家具组合式门板	2013-07-31	廊坊华日家具股份有限公司	授权
CN203097580U	快速安装的门套	2013-07-31	浙江金凯德工贸有限公司	授权
CN203081142U	一种门套线及应用该门套线的门套	2013-07-24	王连栋	授权
CN203081145U	钢木门可调门套装置	2013-07-24	浙江金凯德工贸有限公司	授权
CN203081198U	一种防潮浴室家具门	2013-07-24	德艺文化创意集团股份有限公司	授权
CN203081144U	钢木门防潮 PVC 挡门条	2013-07-24	浙江金凯德工贸有限公司	授权
CN203066797U	一种 PC 板材防砸门	2013-07-17	北京天河地塬安防技术服务有限公司	授权
CN203050395U	一种木铝推拉门结构	2013-07-10	南通海鹰木业有限公司	授权
CN203050409U	一种防止变形的门板	2013-07-10	上海杰尔曼尼家具制造有限公司	授权
CN203022530U	一种包覆式单杆件成品型材	2013-06-26	北京米兰之窗节能建材有限公司	授权
CN203022529U	塑木共体节能框型材	2013-06-26	北京米兰之窗节能建材有限公司	授权
CN203008647U	可调式木塑套装门框	2013-06-19	孙琇芳；曹人天	授权
CN203008654U	铝包木门下槛	2013-06-19	内蒙古科达铝业装饰工程有限公司	授权
CN202990701U	一种精装木门套根部防腐装置	2013-06-12	华鼎建筑装饰工程有限公司	授权
CN202945927U	用于铝塑铝门窗的中梃连接结构	2013-05-22	北京嘉寓门窗幕墙股份有限公司	授权
CN202945974U	一种防火折边贴面成品木门	2013-05-22	深圳市建艺装饰集团股份有限公司	授权
CN202926159U	一种铝包木门窗内部防水装置	2013-05-08	哈尔滨华兴木业有限公司	授权
CN202899891U	一种铝包木门窗下框排水装置	2013-04-24	哈尔滨华兴木业有限公司	授权
CN202899976U	门扇周边内嵌金属骨架的钢木质防火门扇	2013-04-24	四川兴事发门窗有限责任公司	授权
CN202899955U	一种聚氨酯发泡门	2013-04-24	深圳市信德昌机电设备工程有限公司	授权
CN202899951U	一种仿木质聚氨酯门	2013-04-24	黄继理	授权
CN202866576U	一种便于提高喷涂效率的木门	2013-04-10	重庆迪雅套装门有限责任公司	授权
CN202832012U	一种铝包木窗	2013-03-27	沈阳远大铝业工程有限公司	授权
CN202810508U	门窗专用木方	2013-03-20	蔡留远	授权
CN202788467U	仿木门	2013-03-13	谢娟	授权
CN202767808U	一种钢木隐型铰链	2013-03-06	浙江金华友谊实业有限公司	授权
CN202767795U	铝木复合门窗	2013-03-06	上海席勒木制品有限公司	授权
CN202755842U	一种用于室内装修的复合木质门扇结构	2013-02-27	深圳广田高科新材料有限公司	授权

（续）

公开号	标题	公开日期	当前申请人	法律状态/事件
CN202745639U	铝钢复合防盗门	2013-02-20	浙江帝龙新材料有限公司	授权；权利转移
CN202706835U	一种实木封边的门板	2013-01-30	深圳广田高科新材料有限公司	授权
CN202689866U	净化环保木门	2013-01-23	山东欧宝家居股份有限公司	授权；权利转移
CN202689824U	外开式复合窗槽口转换装置	2013-01-23	百乐（杭州）建材有限公司	授权
CN202689849U	实木节能门窗用玻璃压线卡接件	2013-01-23	浙江研和新材料股份有限公司	授权；权利转移
CN202673071U	石材蜂窝铝板饰面常开式木质防火门	2013-01-16	中国建筑第八工程局有限公司	授权
CN202659066U	可提升的推拉门	2013-01-09	经阁铝业科技股份有限公司	授权
CN202659056U	铝木卡式外开窗	2013-01-09	山东凯米特铝业有限公司	授权
CN202645360U	防火钢化玻璃套装门	2013-01-02	林国旭	授权
CN202645331U	非标造型门扇改进型内龙骨	2013-01-02	安徽富煌木业有限公司	授权；权利转移
CN202645342U	防开裂双开门碰口	2013-01-02	安徽富煌木业有限公司	授权；权利转移
CN202645341U	一种PVC饰面模压门面板	2013-01-02	浙江开洋木业有限公司	授权；权利转移
CN202627794U	一种木塑门框型材	2012-12-26	沈阳鑫英派铝业有限公司	授权；权利转移
CN202627848U	一种实木复合门	2012-12-26	北京闼闼同创工贸有限公司	授权
CN202596487U	双T型口隔音木门	2012-12-12	吉林森林工业股份有限公司北京门业分公司	授权
CN202589026U	一种木结构全自动遥控上滑式独立展柜	2012-12-12	北京水木清美展示科技有限公司	授权
CN202578395U	空腹木质隔热防火门	2012-12-05	郑州光大百纳科技股份有限公司	授权
CN202578310U	一种船用门套的结构	2012-12-05	浙江金凯门业有限责任公司	授权
CN202578367U	一种木门	2012-12-05	博洛尼智能科技青岛有限公司	授权；权利转移
CN202560013U	木作装甲门	2012-11-28	李万历	授权
CN202544693U	一种游艇用木质防火门	2012-11-21	亚光科技集团股份有限公司	授权
CN202544644U	玻璃纤维实木复合型材	2012-11-21	山东天畅环保科技股份有限公司	授权
CN202530957U	一种节能铝木折叠门	2012-11-14	广亚铝业有限公司	授权
CN202530972U	一种木质门窗框的角部对接结构	2012-11-14	上海杰阳实业有限公司	授权；质押
CN202530945U	一种新型铝木复合型材	2012-11-14	广亚铝业有限公司	授权
CN202530963U	一种聚氨酯仿木门	2012-11-14	浙江恒泰源聚氨酯有限公司	授权
CN202530946U	一种隔热性、装饰性优良的铝木复合弹簧门	2012-11-14	广亚铝业有限公司	授权
CN202530930U	一种挂扣式铝木复合门窗	2012-11-14	广亚铝业有限公司	授权
CN202509951U	木铝、木塑、木钢复合节能门窗型材	2012-10-31	詹庆富	授权
CN202483368U	一种防变形组合门板	2012-10-10	廊坊华日家具股份有限公司	授权
CN202467573U	一种木质隔音门	2012-10-03	德华兔宝宝装饰新材股份有限公司	授权
CN202467512U	内覆木框节能铝合金门窗	2012-10-03	孝感三江航天江峰工贸有限责任公司	授权

（续）

公开号	标题	公开日期	当前申请人	法律状态/事件
CN202450938U	半榫槽结构纯木门窗框	2012-09-26	孝感三江航天江峰工贸有限责任公司	授权
CN202450942U	一种天然薄木复合隔热塑钢门窗型材	2012-09-26	浙江瑞明节能科技股份有限公司	授权
CN202441186U	铝木复合门窗的专用铝合金卡座	2012-09-19	烟台市飞龙建筑幕墙门窗有限公司	授权；权利转移
CN202441185U	铝木复合门窗框专用连接件	2012-09-19	烟台市飞龙建筑幕墙门窗有限公司	授权；权利转移
CN202431158U	一种浴室安全门	2012-09-12	杭州市萧山区党山新世纪装饰卫浴研发中心	授权
CN202431142U	新型钢木复合门	2012-09-12	王莹	授权
CN202417201U	铝木复合提升推拉门	2012-09-05	天津市万佳建筑装饰安装工程有限公司	授权
CN202417221U	凹槽门板防变形结构	2012-09-05	南京我乐家居股份有限公司	授权
CN202417219U	拼接门结构	2012-09-05	南京我乐家居股份有限公司	授权
CN202401921U	单开钢木装甲门	2012-08-29	福建辉盛消防科技股份有限公司	授权
CN202391297U	带有中空百叶的铝木复合门窗	2012-08-22	天津市万佳建筑装饰安装工程有限公司	授权
CN202380928U	负离子木门	2012-08-15	罗良芬	授权
CN202370381U	有封边条的木门	2012-08-08	濮阳市东宝科技发展有限公司	授权；质押
CN202348058U	复合门窗固定用防水胶条	2012-07-25	河北奥润顺达窗业有限公司	授权
CN202348038U	一种薄木饰面模压树脂漆门	2012-07-25	桦甸市城市基础设施开发建设投资有限公司	授权；权利转移
CN202325091U	一种铝包木门窗用外挂铝弹性连接装置	2012-07-11	哈尔滨森鹰窗业股份有限公司	授权
CN202325027U	桑枝木门套线	2012-07-11	重庆星星套装门有限责任公司	授权
CN202299860U	筒子板插槽式门框	2012-07-04	安徽富煌钢构股份有限公司	授权
CN202280372U	桑枝木塑门线条	2012-06-20	重庆星星套装门有限责任公司	授权
CN202273550U	一种厨柜门板	2012-06-13	志邦家居股份有限公司	授权
CN202266155U	一种无钉结构的玻璃木门	2012-06-06	浙江金凯门业有限责任公司	授权
CN202266159U	一种木门	2012-06-06	强力家具集团有限公司	授权
CN202249632U	木屋用房门门框	2012-05-30	德胜(苏州)洋楼有限公司	授权
CN202249421U	用于木结构建筑的大门门框	2012-05-30	德胜(苏州)洋楼有限公司	授权
CN202249548U	一种带装饰板的外平开门	2012-05-30	佛山市广成铝业有限公司	授权
CN202249539U	双开钢木别墅门	2012-05-30	福建辉盛消防科技股份有限公司	授权
CN202249611U	子母钢木门	2012-05-30	福建辉盛消防科技股份有限公司	授权
CN202249432U	骨架结构式复合门框	2012-05-30	安徽富煌钢构股份有限公司	授权
CN202202729U	一种实木复合模压镶嵌门	2012-04-25	桦甸市惠邦木业有限责任公司；齐齐哈尔市红鹤木业有限公司	授权
CN202164938U	一种新型门套结构	2012-03-14	深圳市居众装饰设计工程有限公司	授权

（续）

公开号	标题	公开日期	当前申请人	法律状态/事件
CN202152610U	一种新型钢木门	2012-02-29	广东润成创展木业有限公司	授权
CN202131899U	木塑简装防水门套	2012-02-01	叶润露	授权
CN202125158U	一种铝包木平开门门槛	2012-01-25	河北奥润顺达窗业有限公司	授权
CN202125179U	一种带通风器的木铝复合窗	2012-01-25	河北奥润顺达窗业有限公司	授权
CN202117481U	一种可调节厚度的木门框	2012-01-18	广东润成创展木业有限公司	授权
CN202117508U	一种采用斜板封边方法的实木复合门	2012-01-18	广东润成创展木业有限公司	授权
CN202117522U	一种新型木质防火门	2012-01-18	广东润成创展木业有限公司	授权
CN202117509U	一种新型实木组合门	2012-01-18	广东润成创展木业有限公司	授权
CN202117477U	双套组合木门框	2012-01-18	广东润成创展木业有限公司	授权
CN202117487U	一种铝木复合型材	2012-01-18	山东华建铝业有限公司	授权
CN202100118U	一种实木复合门线条	2012-01-04	浙江开洋木业有限公司	授权；权利转移
CN202100143U	门扇饰面立体造型整体无接缝结构	2012-01-04	张其蓁	授权
CN202073420U	木质门合页安装紧固结构	2011-12-14	苏州金螳螂建筑装饰股份有限公司	授权
CN202055697U	一种实木门榫卯连接结构	2011-11-30	庞军	授权
CN202055698U	一种实木门边的指接材连接结构	2011-11-30	庞军	授权
CN202047715U	一种木塑门板的前端加强结构	2011-11-23	山东霞光实业有限公司	授权
CN202047716U	一种木塑门板的后段结构	2011-11-23	山东霞光实业有限公司	授权
CN202017436U	一种木塑门板的中段加强结构	2011-10-26	山东霞光实业有限公司	授权
CN202017429U	一种木制防裂防变形门套	2011-10-26	深圳市名雕装饰股份有限公司	授权
CN202017437U	一种新型铝木门窗木中挺连接机构	2011-10-26	浙江瑞明节能科技股份有限公司	授权
CN202000818U	门窗铝合金实木复合型材	2011-10-05	烟台市飞龙建筑幕墙门窗有限公司	授权；权利转移
CN202000861U	一种新型的实木生态门	2011-10-05	湖南固尔邦幕墙装饰股份有限公司	授权；质押；权利转移
CN201981951U	一种侧滑门窗装置	2011-09-21	广东维斯达门窗科技发展有限公司	授权；权利转移
CN201943516U	一种铝木折叠门系统	2011-08-24	广铝集团有限公司	授权；权利转移
CN201908541U	环保型柔性家具门板	2011-07-27	宜华生活科技股份有限公司	授权
CN201891353U	一种具有防白蚁功能的金属门扇	2011-07-06	广州金迅建材有限责任公司	授权
CN201865515U	聚氯乙烯低发泡仿实木整体门板	2011-06-15	山东博拓塑业股份有限公司	授权
CN201857877U	卫生间隔断用防撞门	2011-06-08	陈长柱	授权
CN201850943U	网状结构门	2011-06-01	江山欧派门业有限公司	授权
CN201850924U	一种塑木门套线	2011-06-01	深圳市格林美高新技术股份有限公司	授权
CN201850919U	一种钢木复合结构的门框	2011-06-01	重庆美心蒙迪门业制造有限公司	授权；权利转移
CN201843460U	一种木材与金属材料复合推拉门窗的下滑框	2011-05-25	河北奥润顺达窗业有限公司	授权

（续）

公开号	标题	公开日期	当前申请人	法律状态/事件
CN201843446U	木材与金属材料复合推拉门窗用金属加固垫	2011-05-25	河北奥润顺达窗业有限公司	授权
CN201826393U	一种拼装式活动板房	2011-05-11	徐洲匠铸建设有限公司	授权；权利转移
CN201810137U	一种木材与金属材料复合推拉门窗的上滑框	2011-04-27	河北奥润顺达窗业有限公司	授权
CN201810117U	一种厚芯门套板	2011-04-27	郑州佰沃生物质材料有限公司	授权
CN201756864U	一种新型淋浴门固定夹	2011-03-09	莎丽科技股份有限公司	授权
CN201756890U	一种铝掩门	2011-03-09	索菲亚家居股份有限公司	授权
CN201738732U	木质型材门窗	2011-02-09	赵战名	授权
CN201723096U	交叉式框架结构门页	2011-01-26	安徽富煌钢构股份有限公司	授权
CN201714251U	一种厚芯门板	2011-01-19	郑州佰沃生物质材料有限公司	授权
CN201661201U	中梃与边框钢螺栓螺母连接榫结构的门窗	2010-12-01	哈尔滨森鹰窗业股份有限公司	授权